ARMIN DEUTZ

# DER WILDTIERARZT ERMITTELT

INTERESSANTE UND BESONDERE FÄLLE IM REVIER



Leopold Stocker Verlag
Graz – Stuttgart

Umschlaggestaltung:
Werbeagentur Rypka GmbH, 8143 Dobl/Graz, www.rypka.at
Bildnachweis: Foto Umschlag-Vorderseite: Armin Deutz

Alle nicht mit einem Autorenvermerk gekennzeichneten Fotos stammen von Armin Deutz.



Bibliografische Information der Deutschen Nationalbibliothek
Die Deutsche Nationalbibliothek verzeichnet diese Publikation in der Deutschen Nationalbibliografie; detaillierte bibliografische Daten sind im Internet unter http://dnb.d-nb.de abrufbar.

Hinweis: Dieses Buch wurde auf chlorfrei gebleichtem Papier gedruckt. Die zum Schutz vor Verschmutzung verwendete Einschweißfolie ist aus Polyethylen chlor- und schwefelfrei hergestellt. Diese umweltfreundliche Folie verhält sich grundwasserneutral, ist voll recyclingfähig und verbrennt in Müllverbrennungsanlagen völlig ungiftig.

Auf Wunsch senden wir Ihnen gerne kostenlos unser Verlagsverzeichnis zu:
Leopold Stocker Verlag GmbH
Hofgasse 5/Postfach 438
A-8011 Graz
Tel.: +43 (0)316/82 16 36
Fax: +43 (0)316/83 56 12
E-Mail: stocker-verlag@stocker-verlag.com
www.stocker-verlag.com

ISBN 978-3-7020-1944-0


Layout und Repro: Werbeagentur Rypka GmbH, 8143 Dobl/Graz

# Inhaltsverzeichnis

Vorwort ... 8

1. INTERESSANTE FÄLLE IM REVIER ... 10

**„Kapitaler" Perückenbock und „gehörnte" Rehgeiß** ... 10
Geweihentwicklung hormongesteuert ... 10
Perückengeweihe ... 12
„Gehörnte" Rehgeißen ... 13
**Ursachen der Mehrstangigkeit bei Rehböcken** ... 15
**„Blasengeweihe"** ... 17
**Hauthörner beim Gamswild** ... 19
Hauthorn oder dritter Schlauch? ... 21
**„Schalenkrankheit"** ... 22
**Moderhinke – zwischen Haus- und Wildtieren übertragbar?** ... 24
**Zahnanomalien beim Rehwild** ... 27
Zusätzliche Zähne ... 27
Wie häufig sind Grandln beim Reh? ... 28
Fehlende Zähne ... 29
Zahnfleischschwund und Osteoporose ... 29
**Zwitterbildung bei Wildtieren** ... 30
Reh mit Gesäuge und Geweih ... 31
Zwitterbock ... 32
Kapitale Zwittergämse („Geißbock") ... 32
**Schwierigkeiten beim Setzen** ... 35
**Steinfrucht – schwere Störung der Trächtigkeit** ... 37
**„Karunkel" in der Gebärmutter einer Rehgeiß** ... 39
**Rotwild-Abortus durch Hundeparasiten** ... 41
**Ursachen von Schädeldeformationen** ... 43
Nasenbeinverkürzung – „Mopsreh" ... 44
Skelettanomalie durch Virusinfektion? ... 45

Verbogene Nasenbeine 46
Wildschwein mit „Schiefrüssel“ 47
**Tumoren („Krebs“) bei Wildtieren** 48
Hodentumor (Seminom) bei einem Gamsbock 50
Knochentumor bei einem Rehbock 50
Fibrosarkome bei einem Rehbock 51
Massive Papillomatose bei Rehen 51
„Tumorhirsch“ aus Südtirol 52
Sarkom am Haupt und in der Leber 52
**Pansensteine** 53
**Bauchwandbruch bei einem Hirsch** 55
**Im Elektrozaun verunglückter Hirsch** 58
**Was sind Samsonfüchse?** 59
**Fuchs mit Penisvorfall** 61
**Rote Lymphknoten beim Reh** 63
**Leberzirrhose bei einem Hirsch** 65
**Milzveränderungen** 67
**Knochenerkrankung infolge Lungenabszess** 69
**Blutungen in der Lunge** 71
Punktförmige Blutungen 71
Streifenförmige Blutungen 72
**Fettleber bei Brunfthirsch und Gamsbock** 73
2 ZOONOSEN – ÜBERTRAGBARE KRANKHEITEN 76
**Risiko „Fuchsbandwurm“?** 76
Fuchsbandwurm bei anderen Tieren 77
Wer ist gefährdet? 78
Symptome 79
Empfohlene Vorbeugungsmaßnahmen 79
**Klimawandel vermehrt Krankheitsrisiken** 80
Zecken breiten sich in den Alpen aus 81

Neu auftretende Krankheitserreger 83
**Handschuhe schützen auch vor Hepatitis E!** 84
Schweine als Virusreservoir 85
Vorbeugungsmaßnahmen 85
**Tularämie und Brucellose – Übertragungsrisiken beachten!** 86
Tularämie – meist stark vergrößerte Milz 86
Vielfältige Infektionsmöglichkeiten und variables Krankheitsbild 88
Brucellose – häufig sind Geschlechtsorgane betroffen 90
**Trichinen – Parasiten im Muskel und Darm** 92
Unterschiedliche Häufigkeit 93
Interessante Biologie 93
Erkrankung des Menschen 94
Vorbeugungsmaßnahmen 96
**Hantavirus-Infektionen – Jäger besonders gefährdet!** 97
Infektionen steigen im Herbst 97
Übertragungswege und Symptome 98
Vorbeugungsmaßnahmen 100
**Ist Fuchsräude auf Menschen übertragbar?** 101
Rasche Vermehrung in der Haut 102
Fuchsräude bei Mensch und Hund 103
3. ALLGEMEINE JAGD- UND WILDFRAGEN 105
**Wildereiverdacht – was tun?** 105
**Rissbegutachtung: Wer war der Täter?** 107
Fundort und Umgebung 107
Riss oder kein Riss? 108
Wer war es? 111
Wundermittel Genetik? 113
Rund um einen Wolfrissverdacht 114
**Fallwild: Was können Jäger selbst feststellen?** 115

4. WILDSEUCHEN 120
**Afrikanische Schweinepest (ASP)** 120
Biosicherheit bei der Jagd 120
Wo und wie lange findet sich ASP-Virus? 120
Biosicherheit Einzeljagd 122
Biosicherheit Bewegungs-/Gesellschaftsjagd 125
Biosicherheit Jagdreisen 125
Biosicherheit Wildtransport, Wildkammer, Wildbret 126
**Paratuberkulose – häufiger als vermutet!** 127
Infektion 128
Krankheitsbild 129
Vermutete Ursachen 130
Übertragung Rind – Wildtier 131
Vorbeugungs- und Bekämpfungsmaßnahmen 132
**Staupe breitet sich aus!** 134
Variables Krankheitsbild 136
**Aujeszkysche Krankheit bei Wildschweinen und Hunden** 138
Krankheitsübertragung 139
Krankheit beim Wildschwein 140
Krankheit bei Endwirten 141
Schutzmaßnahmen für Jagdhunde 142
5. AUSGEWÄHLTE PARASITOSEN 143
**Auffällige Muskelparasiten** 143
**Grüne Verfärbung der Muskelhäute beim Rotwild** 145
**Lungenwurmbefall bei Schalenwild** 147
Große Lungenwürmer 147
Kleine Lungenwürmer 150
**Großer und Kleiner Leberegel** 153
Unterschiedliche Entwicklung 155

**Wild entwurmen?** 158
**„Haarseuche" bei Reh- und Gamswild** 160
Haarlinge und Lausfliegen 162
**Hautdasseln beim Reh** 163
**Herbstgrasmilben bei Gams- und Rehwild** 165
**Magere und „blasse" Rehe im Mai** 167
**Parasitosen beim Auer- und Birkwild** 169
**„Milchflecken" und Finnen auf Wildschweinelebern** 172
**„Leber- und Hirnwurm"** 174
Befall wird häufig übersehen 175
Sektion eines „zahmen" Hirsches 175

6. **FÜTTERUNGSFEHLER** 177
**Akute Azidose** 177
Gams an Sauenkirrung verendet 180
**Apfeltrester in der Rehwildfütterung?** 181
**Erntereste und verdorbenes Futter** 183
Verdorbener Mais als Todesurteil 186

7. **WILDBRET: HYGIENE & BEURTEILUNG** 187
**Auswaschen nach dem Aufbrechen?** 187
**Ist Unfallwild verwertbar?** 189

8. **(JAGD)HUNDE** 193
**Impfintervalle** 193
**Entwurmen von Hunden** 195
**Warum Hunde Kot fressen** 198
**Sind Erdkröten und Feuersalamander giftig für Hunde?** 200

**WEITERFÜHRENDE HINWEISE** 203

**VERWENDETE UND WEITERFÜHRENDE LITERATUR** 205

# Vorwort

Der vorliegende Ratgeber, eine Sammlung interessanter Fälle, soll einerseits das Auge für Abweichungen schärfen und andererseits das Interesse an der Ursachenfindung wecken. Mit etwas Übung können Jägerinnen und Jäger einiges selbst diagnostizieren.

Allein in der Steiermark konnten über Fallwilduntersuchungen in den letzten Jahren wertvolle Erkenntnisse gewonnen und interessante Fälle aufgeklärt werden. So waren beispielsweise der Ausbruch von Staupe bei Dachsen, Füchsen und Mardern, ein Massensterben von über 300 Stockenten infolge Botulismus, Beiträge zur Verbreitung von Paratuberkulose bei insgesamt 11 Wildtierarten, Aufklärung von Fütterungsfehlern oder auch Parasiten in der Schädelhöhle beim Rothirsch Ergebnisse von Fallwilduntersuchungen.

Es muss davon ausgegangen werden, dass kaum ein Wildtier völlig frei von krankhaften Organveränderungen ist. So zeigen beispielsweise regional über 90 % der erlegten Rehe oder Gämsen einen Befall mit Kleinen Lungenwürmern mit entsprechenden deutlichen Lungenveränderungen. Ein Befall mit Kleinen Leberegeln wird häufig übersehen, da die Leber entweder nicht angeschnitten wird oder die verdickten Gallengänge bzw. die daraus austretende missfärbige Gallenflüssigkeit samt 2–3 mm langen Parasiten nicht erkannt werden. Unbedingt notwendig für das Erkennen selbst geringerer Abweichungen sind ein geschultes Auge und das Wissen um den „Normalzustand", dieser erfordert ein ständiges „Training" auch an gesunden Stücken. Die Abschätzung, ob nun z. B. ein Lungenwurmbefall zum Verenden des Stückes geführt hat, ist meist nicht einfach.

Bedanken möchte ich mich bei den vielen Interessierten, die mich von Jugend an mit Untersuchungsmaterial und Fragen beschäftigten. Großer Dank gebührt in diesem Zusammenhang den Jagdzeitschriften Der Anblick, Pirsch und Schweizer Jäger, über welche sehr viele Fragen eingegangen sind und in denen ich auch in so genannten „Tierärztekästen" Antworten liefern durfte sowie auch Kolleginnen und Kollegen, die mir bei der Aufklärung von Fällen geholfen haben.

Größten Dank aber verdient meine Familie, die gegenüber meinen oft schrulligen Verhaltensweisen und dem Umstand, dass Sektionen häufig auch am Wochenende stattfanden, größte Toleranz aufbrachte.

**Gewidmet meiner Frau Uschi und unseren Kindern Barbara, Mathias und Wenzel**

St. Lambrecht, im Juli 2021

# 1. INTERESSANTE FÄLLE IM REVIER

## „Kapitaler" Perückenbock und „gehörnte" Rehgeiss

*Hirschartige (Cervidae) sind die einzigen heute lebenden Säugetiere, deren männliche Tiere ein Geweih tragen. Ausnahmen bilden lediglich Rentiere, bei denen beide Geschlechter ein Geweih tragen und die geweihlosen Moschustiere und Wasserrehe. Diese massiven knöchernen arttypischen Gebilde, die auf den stets hautbekleideten Rosenstöcken aufsitzen, sind während ihres Wachstums von einer stark durchbluteten Haut, dem Bast, umhüllt. Zumindest in gemäßigten Klimaten folgt der Geweihzyklus infolge einer Steuerung durch die Lichtintensität dem Jahreszyklus.*

### Geweihentwicklung hormongesteuert

Allgemein entsteht das Geweih der Hirsche aus der Haut auf den Stirnbeinen, lediglich beim Rehkitz aus dem darunterliegenden Stirnhautperiost (Periost = Knochenhaut). Bei Verpflanzung der für die Geweihbildung verantwortlichen Haut-/Perioststücke an andere Körperstellen entwickeln sich dort Stangen. Das Geweihwachstum wird vom Wachstumshormon Somatotropin beeinflusst, während der Wachstumsstillstand durch ein Gonadotropin (Geschlechtshormon), das Testosteron, gesteuert wird. Bei hoher Konzentration des Somatotropins erfolgt der Aufbau des Geweihes, bei Absinken dieser Konzentration und Ansteigen der Testosteronmenge im Blut wird das Geweihwachstum allmählich eingestellt. Wenn der Testosterongehalt dominiert und der des Somatotropins seinen Tiefpunkt erreicht hat, wird die Basthaut verfegt.

Bei Kastration junger, noch geweihloser Hirschkälber oder Bockkitze wird zeitlebens kein Geweih geschoben, bei späterer Kastration wird ein anhaltend wachsendes, wucherndes Bast-(„Perücken"-)-geweih gebildet. Das Geweihwachstum dürfte möglicherweise auch durch die Schwerkraft beeinflusst werden, nachdem Lahmheiten oft zu asymmetrischen Geweihen führen (NIETHAMMER u. KRAPP, 1986).

4–5-jähriger Perückenbock, hochgradig abgemagert, Perückengeweih von Maden befallen (Myiasis) und auffällig heiß, beide Brunftkugeln waren lediglich je ca. 2,5 cm lang und das Hodengewebe degenerativ geschädigt.

### Perückengeweihe

Perückengeweihe sind ständig wachsende Geweihe mit meist hohem Bastanteil, die nicht gefegt und auch nicht abgeworfen werden. Der Hauptzuwachs erfolgt in jenen Monaten, in denen normalerweise die Geweihe geschoben werden, der Zuwachs erfolgt meist nur an den Perlen, also besonders stark an den unteren Stangenteilen und Rosen. Die unteren Stangenteile verwachsen mit zunehmender Perückenbildung, schließlich können auch die Lichter überwuchert werden. Perückengeweihe bei erwachsenen Rehböcken entstehen im Zuge hormoneller Störungen (Mangel an Testosteron, einem männlichen Geschlechtshormon, welches u. a. bei Kitzböcken das Rosenstockwachstum anregt und beim erwachsenen Bock an der Verkalkung des Bastgeweihes beteiligt ist und in der Brunft einen hohen Spiegel erreicht), nach Verletzungen, Infektionen oder einer degenerativen Erkrankung der Brunftkugeln (Hoden). Falls nur ein Hoden betroffen ist, kommt es nicht zur Perückenbildung. Geschehen diese Hodenveränderungen bereits bei Bockkitzen vor der Ausbildung der Rosenstöcke, so wird kein Geweih geschoben („Plattkopf"). Verlieren sehr junge Böcke die Brunftkugeln, so werden in der Regel nur kurze, knollige Perücken geschoben. Auch Zwitter oder Scheinzwitter können Perückengeweihe tragen oder normal schieben und verfegen (HERBST, 2001).

Die wichtigsten Perückenformen sind „Bischofsmützen" (breite Basis und kegelig zusammenlaufend, rasch wachsend mit hohem Knorpel- und Bastanteil, wenig verkalkt, oft herunterhängende „Bastlappen") oder „Helmperücken" (langsam wachsend, mehr verknöchert, Wachstum besonders an der Basis). Der hier abgebildete Perückenbock trägt eine „Bischofsmütze". Es ist davon auszugehen, dass die Perückenbildung nur rund ein Jahr gedauert hat.

Weil die Perücken stark durchblutet sind und hohe Bast- und Knorpelanteile haben, sind sie – auch ohne Verletzungen – recht anfällig gegenüber bakteriellen Infektionen und Fliegenmadenbefall. Durch den Druck der Perücke auf die Decke und die Knochenhaut des Stirnbeins kann es zu Nekrosen (Absterben von Zellen) und zum Abbau von Knochenanteilen der Schädelknochen und ebenfalls zu Infektionen kommen. BUBENIK (1966) führt an, dass kastrierte Rehböcke mit Perückenbildung innerhalb von 2 Jahren verenden.

### „Gehörnte" Rehgeißen

Bei Rehgeißen kann im hohen Alter durch die Verminderung der Tätigkeit der Eierstöcke (und damit einer geringeren Hormonproduktion) eine „Maskulinisierung" eintreten. Dann werden vorerst die Ansätze einer Rosenstockbildung – wie bei Böcken an der äußeren Stirnbeinleiste, aber viel weiter in Richtung Augenbogenrand – unter der Decke als Wülste erkennbar. Darauf kann es auch zum Schieben von rosenlosen Kolben kommen, die aber geperlt sind und einem Perückengeweih ähneln können. Die Bildung von Rosenstöcken setzt einen länger dauernden Testosteronspiegel im Blut voraus, der jedoch beim Schieben des Geweihes einer Geiß wieder abgesenkt sein muss. „Geißengeweihe" bleiben meist recht klein, werden auch nicht gefegt oder abgeworfen und ihnen fehlt das charakteristische, fortschreitende Wachstum der Bockperücke (HERBST, 2004). Zu unterscheiden von Geißengeweihen sind oft wuchtige Perückengeweihe bei Zwittern; Zwitter können nach den äußeren Geschlechtsorganen durchaus einer Geiß stark ähneln.

„Aufhabende“ alte Rehgeiß.

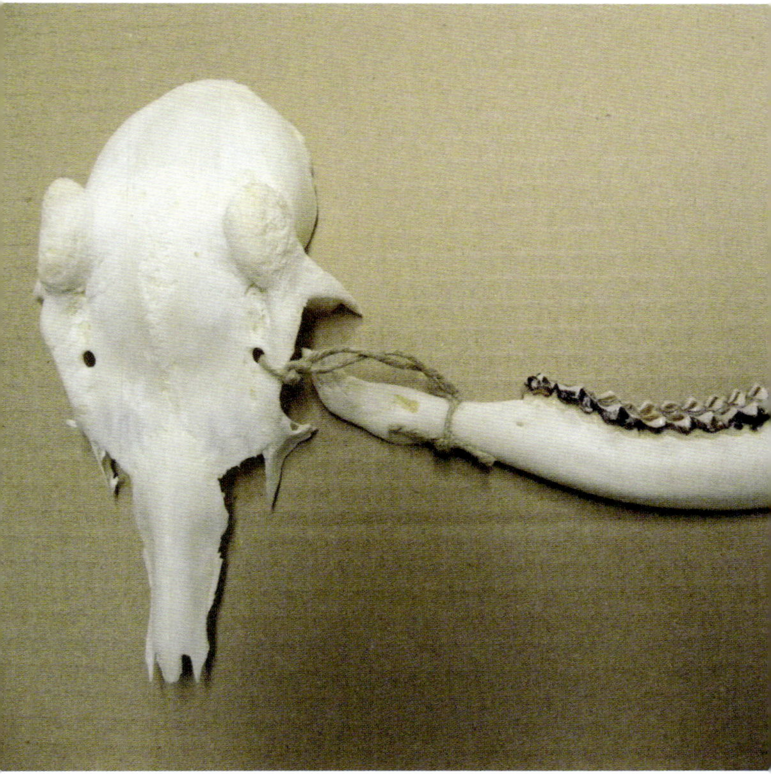

## Ursachen der Mehrstangigkeit bei Rehböcken

*Ein Kollege aus Mosnang in der Schweiz berichtete mir von einem interessanten Fall: Ihm wurde ein Bild einer seltenen Rehbockkrone mit vier Stangen vorgelegt. Der Bock war auf einer viel befahrenen Straße verendet.*

Wohl keine andere Wildart bringt so viele Spielarten der Trophäe hervor wie der Rehbock. Viele Abnormitäten entstehen während der Geweihbildung meist durch Verletzungen, andere sind hormonell verursacht oder witterungsbedingt, wieder andere geben Hinweise auf einen Parasitenbefall.

Links: Echter Vierstangenbock mit vier Rosenstöcken. (Foto: © Hans Tobler) Rechts: Echter Dreistangenbock mit drei Rosenstöcken.

Bei den primitiveren kleineren Hirscharten, zu denen das Reh zählt, hat das Geweih als optisches Signal nur nachrangige Bedeutung, da Wahrnehmungen vor allem olfaktorisch (geruchlich) stattfinden. Diese primitiveren Geweihformen sind für das Durchflüchten in dichter Vegetation gut geeignet und zeigen auch eine große Variabilität im Aufbau, wohingegen bei entwicklungsgeschichtlich fortgeschritteneren Hirscharten die Geweihe in der unteren Zone sehr homogen sind und nur die obere Stangenregion zur Variabilität neigt. Zusätzlich ist beim Reh eine Reihe von Abnormitäten möglich, wobei Missbildungen (z. B. Fehlen von einem oder beiden Rosenstöcken) meist angeboren sind und Regelwidrigkeiten meist erworben sind.

Regelwidrigkeiten entstehen erst nach dem Setzen und werden durch Verletzungen des Geweihs oder Wildkörpers, durch Stoffwechselkrankheiten (z. B. auch durch Parasiten oder Infektionen) oder durch hormonelle Störungen verursacht. Verletzungen am wachsenden Geweih führen zu Deformationen und Stangenteilungen. Abgebrochene Baststangen, die noch vom Bast gehalten werden, reagieren mit Korrekturwachstum. Rosenstockbrüche können zu Pendelstangen führen und haben oft massive Kallusbildung um die Bruchstelle zur Folge. Schwere Verletzungen der Rosenstöcke führen zur Bildung zusätzlicher Enden oder Stangen, und abgesplitterte Rosenstockteile können ortsfremde Stangen hervorrufen, was im Übrigen auch durch operative Verlagerung von Rosenstockteilen bei Bockkitzen zu provozieren wäre.

## „Blasengeweihe“

*Hohle Auftreibungen an Geweihen von Rehbock oder Hirsch wurden früher auf Insektenstiche zurückgeführt, tatsächlich werden Blasengeweihe aber durch Bastverletzungen ausgelöst.*

Die abgebildete Auftreibung im Bastgeweih wird mit hoher Wahrscheinlichkeit nach dem Verfegen zu einem sogenannten Blasengeweih führen. Da es um die Entstehung dieser seltenen Abnormitäten immer wieder Hypothese, wie „Insektenstiche“ usw. gibt, soll auf die Ursachen von Blasengeweihen eingegangen werden.

Rehbock mit Bastverletzung, die später vermutlich zu einem „Blasengeweih" führt. (Foto: © M. Felfer)

Links: Verfegtes Blasengeweih eines Rehbocks, gut zu erkennen ist der Hohlraum im Blasengeweih. Rechts: Stangenteil eines Hirsches mit „Blasengeweih".

Blasengeweihe entstehen durch Blutergüsse (Hämatome) infolge Gefäßverletzungen (besonders bei Verletzung von Arterien) am stark durchbluteten Bastgeweih. Verletzungen durch Prellungen, Quetschungen, Stiche (Stacheldraht, Äste) oder starke Schläge können zu diesen Blutergüssen führen. Dabei sammeln sich zwischen der Basthaut und der Stange Blutmengen an, die den Bast vorwölben können. Komplikationen wären Infektionen mit darauffolgender Abszessbildung nach bakteriellen Sekundärinfektionen. Die dabei entstehenden

Fistelkanäle, aus denen Eiter abrinnt, sind öfters am gefegten Geweih noch zu erkennen. Die von Bast und Geweihmaterial umschlossenen Blut- oder Eiterblasen können entweder mineralisiert werden, um nach dem Verfegen ein aufgetriebener Teil der Stange oder eines Endes zu sein, oder sie werden beim Verfegen „abgeschabt", und es entstehen hohle Stangen- oder Endenabschnitte. Aufgrund der traumatischen Ursache sind Blasengeweihe Zufallsereignisse und treten beim nächsten Schieben der Stangen nicht mehr auf.

Bei einem in Schlesien aufgefundenen Bock mit riesigem Bastgeweih wurde ein „Rekord"-Blasenumfang" von 50 cm gemessen und ein in Sachsen erlegter Rehbock hatte 26 cm Blasenumfang.

## Hauthörner beim Gamswild

*Ein Hauthorn ist ein kegel- bis rübenförmiger Auswuchs der Haut, der überwiegend aus Keratin, also Hornsubstanz, besteht. Selbst beim Menschen gibt es Hauthörner, die gut- oder bösartig sein können und meist an lichtexponierten Stellen auftreten.*

Hauthörner bei Tieren sind gutartig und insgesamt selten, am häufigsten noch beim Gamswild. Sie wachsen an verschiedenen Körperstellen, meist am Haupt oder Träger, seltener an anderen Körperstellen, wie am Rumpf oder an den Läufen. Ich konnte auch selbst insgesamt vier Fälle von Hauthörnern bei Rehgeißen dokumentieren, eines davon mit einer Länge von 10 cm.

Hauthörner beim Gamswild sind hohl und unterliegen dem gleichen jahreszeitlichen Wachstumsrhythmus wie die

Links: Gamsgeiß mit einem extrem großen Hauthorn am Schlögel (Länge über 30 cm, Durchmesser 14 cm, Gewicht ca. 1,8 kg!), am Hauthorn sind sogar unscharfe „Jahresschübe" zu erkennen. (Foto: © E. Leitner) Rechts: Hauthorn am Hinterlauf einer Gamsgeiß.

Gamskrucken. Sie können so groß werden, dass sie sogar eine Behinderung darstellen.

Die Hauptsubstanz des Hauthorns bildet übermäßig gewuchertes, gutartiges Plattenepithel sowie ein bindegewebig-knorpeliger Kern. Sie entstehen meist entweder aus embryonal versprengten Hornanlagen oder als Folge mechanischer Reize, auf welche die Haut mit der Bildung von Hornzellen reagieren kann.

Nach NERL (1989) wurde auch beobachtet, dass sich nach leichten Streifschüssen an der getroffenen Hautstelle ein Hauthorn bildete. Ein Zusammenhang ist im Sinne eines „mechanischen Reizes" ist also analog zum Rind durchaus denkbar.

### Hauthorn oder dritter Schlauch?

Bei einem aus der Schweiz zur Beurteilung übermittelten Fall mit einem vom Jäger vermuteten Hauthorn auf dem Haupt einer 18-jährigen Gamsgeiß drängte sich die Vermutung auf, dass es sich dabei nicht um ein eigentliches Hauthorn, sondern um einen dritten Schlauch handeln könnte. Abzuklären wäre dieser Verdacht mit einer Röntgenuntersuchung des präparierten Hauptes. Falls in diesem Schlauch ein Stirnzapfen erkennbar ist, kann man von einem dritten Schlauch ausgehen, also einer sehr seltenen und interessanten Abnormität. Höchst interessant ist der Umstand, dass das

Gamsgeiß mit drittem Schlauch (oder Hauthorn?) und Kitz vermutlich mit Hornanlage an derselben Stelle. (Foto: © Dominik Bamatter)

Kitz an derselben Stelle eine dritte Hornanlage haben dürfte. Damit wäre auch ein Hinweis auf die Erblichkeit solcher Abnormitäten gegeben.

## „Schalenkrankheit“

*Besonders Reh-, Gams- und Muffelwild hat manchmal extrem lange Schalen, die zumeist auf ein übermäßiges Schalenwachstum zurückzuführen sind. Hinweisend auf ein sehr rasches Hornwachstum ist auch das sehr dünne Wandhorn an den Schalen.*

6-jähriger, abgemagerter Gamsbock (13 kg aufgebrochen) mit Schalenkrankheit.

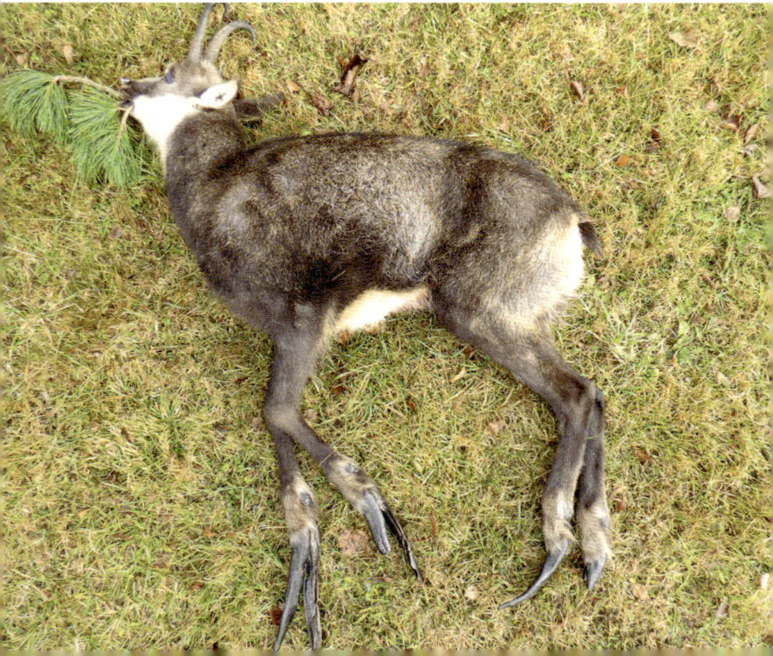

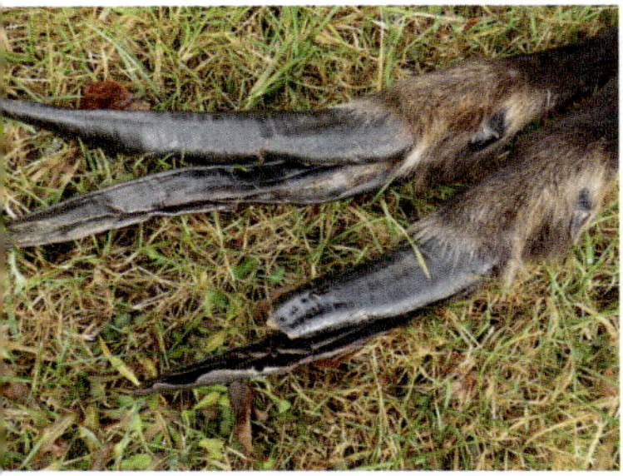

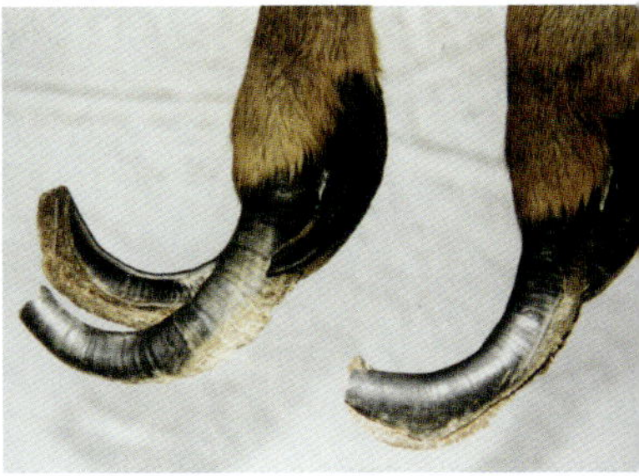

Links: Die hochgradig ausgewachsenen Schalen des Gamsbocks messen 17–26 cm. Rechts: Schalenkrankheit beim Reh.

Ein übermäßiges Schalenwachstum („Schalenkrankheit") ist sowohl bei Gehegewild als auch bei freilebenden Wildtieren beschrieben. Als Ursachen werden in der Literatur zu weicher Boden, Stoffwechselstörungen mit daraus resultierender Überproduktion von Horn, Knochenbrüche mit reduzierter Bewegung in der Ausheilungszeit, bei Rotwild auch Filarienbefall (Fadenwürmer) und bei Muffelwild eventuell Fütterungsfehler und genetische Einflüsse angeführt. Bei Reh- und Muffelwild ist mir ein Fall bekannt, bei dem es durch Verfüttern einer Mineralstoffmischung für Pferde (hoher Biotin-Anteil) zum extremen Auswachsen der Schalen gekommen ist. Im oben abgebildeten Fall ist von einer stoffwechselbedingten Überproduktion von Schalenhorn auszugehen, die mit hoher Wahrscheinlichkeit höchstens ein Jahr angedauert hat, sonst hätte der Gamsbock vermutlich schon den vorangegangenen Winter/Nachwinter nicht überlebt.

Ausgewachsene Schalen an einzelnen Läufen treten häufig nach längerem Schonen infolge von Knochenbrüchen auf.

Durch Vermeidung des Bodenkontaktes unterbleibt der Schalenabrieb und das Schalenhorn krümmt sich an den Schalenspitzen beim Auswachsen leicht nach oben. Wenn dieser Lauf auch später wieder aufgesetzt wird, kann die Schalenspitze nicht mehr abgerieben werden. Es entstehen so genannte „Schnabelschuhe", bei denen nur mehr am Ballen aufgetreten wird und die Schalen ohne Abrieb monatlich rund 6–7 mm weiterwachsen. Bei stoffwechselbedingtem zu raschem Schalenwachstum kann der monatliche Zuwachs sogar deutlich mehr betragen. Wildtiere mit Schalenkrankheit zeigen Lahmheiten unterschiedlichen Grades, liegen viel und äsen häufig „kniend".

Falls bei einem Hegeabschuss solcher Stücke an ein Inverkehrbringen des Wildbrets gedacht wird, ist jedenfalls eine Untersuchung durch einen amtlichen Tierarzt („Fleischbeschautierarzt") zu veranlassen.

## Moderhinke – zwischen Haus- und Wildtieren übertragbar?

*Die Moderhinke oder Klauenfäule ist eine Klauen-/Schalenerkrankung, die vorwiegend nach längeren Regenperioden im Spätsommer und Herbst bei Hausschafen, Ziegen, Steinwild und Mufflons auftritt.*

Klauenfäule wird durch zwei Bakterienarten (*Fusobacterium necrophorum* und *Dichelobacter nodosus*) verursacht. Erst das Zusammenwirken dieser beiden Bakterienarten in sauerstofffreiem Milieu (Hornklüfte der Schalen, Zwischenklauenspalt, ausgewachsene Schalen) bewirkt schmerzhafte, tiefgreifende, meist übelriechende Entzündungen der Klauenlederhaut, die bis zum sog. „Ausschuhen", d. h. der vollständigen Loslösung der Schale vom Klauenbein, führen kann. Ausbrüche von Moderhinke haben u. a. schwere Verluste beim Steinwild in Tirol, der Schweiz und in Frankreich verursacht.

Je nach Ausprägung des Krankheitsbildes ist eine „gutartige" Form der Moderhinke (Entzündung im Zwischenklauenspalt, geringe Ablösungen im Ballenbereich, geringgradige Lahmheit, Tendenz zur Selbstheilung) von einer „bösartigen" Moderhinke (Loslösung des Klauenhornes vom Ballen bis zur Schalenspitze, hochgradige Lahmheit, keine Selbstheilungstendenz und eventuell Streuen der Erreger über die Blutbahn mit Abszessbildung in Organen) zu unterscheiden.

Die Erreger überleben in Hornklüften bis zu zwei Jahre. Erkrankte Stücke sind vorerst in der Bewegung stark eingeschränkt, bewegen das Haupt im Ziehen nickend oder schieben sich auf den Carpalgelenken (fälschlich „Kniegelenken") der Vorderläufe „kniend" vor, bis sie in hochgradigen Fällen überhaupt festliegen. Steinböcke stützen sich beim Hochwerden auch auf das Gehörn, was am Abrieb der Schmuckwülste erkennbar ist. Das vermehrte Liegen verursacht Liegeschwielen in der Brustbeingegend. Die erkrankten Stücke magern in kurzer Zeit stark ab, bis sie entweder verhungern oder einen Fangschuss erhalten.

Relativ leicht wird die Moderhinke an Sulzen, die von Haus- und Wildtieren besucht werden, zwischen verschiedenen Tierarten übertragen.

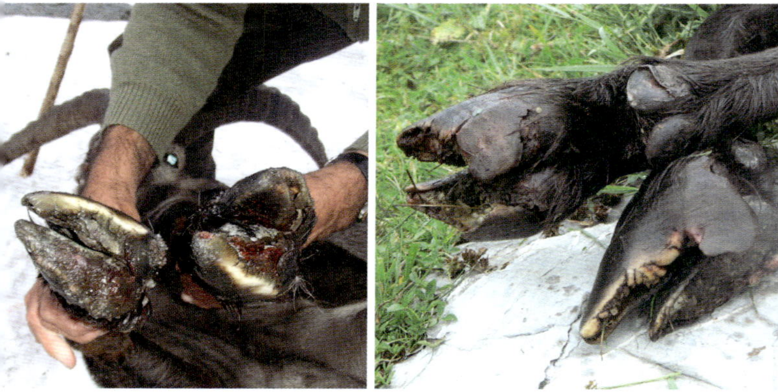

Moderhinke – hier bei Steinwild – verursacht schmerzhafte, tiefgreifende, meist übelriechende Entzündungen der Schalen. (Fotos: © M. Lackner, U. Büchler)

Hausschafe und -ziegen sollten vor dem Almauftrieb untersucht und gegebenenfalls behandelt werden (Klauenbäder). Erkrankte Wildtiere sind – nicht zuletzt aus Gründen des Tierschutzes und der Eindämmung der Krankheitsverbreitung – zu erlegen, die Erkrankung ist diagnostisch abzuklären. Salzlecken sind als möglicher Ort der Krankheitsübertragung vorübergehend aufzulösen.

## Zahnanomalien beim Rehwild

*Zahn- und Kieferfehler bei Schalenwild wurden in der Fachliteratur zahlreich beschrieben, am häufigsten beim Rehwild. Sie können angeboren (wie überzählige oder fehlende Zähne) oder erworben (Zahnausfall) sein.*

Zahnanomalien bei Wildtieren – unabhängig davon, ob es sich um Pflanzen-, Alles- oder Fleischfresser handelt – behindern die Nahrungsaufnahme und führen bei starker Ausprägung früher oder später zu einem Kümmern der Tiere. Von Wiederkäuern wird während der Äsungsperioden die nur grob gekaute, wenig zerkleinerte und eingespeichelte Nahrung im Pansen gespeichert. In den Ruheperioden wird die Nahrung hochgewürgt und wiedergekäut. Fehlende (oder seltener überzählige) Zähne stören meist beim Wiederkäuen. In Zahnlücken können sich auch Äsungs- bzw. Futterpartikel hineindrücken, was zu Entzündungen des Zahnfleisches und der angrenzenden Zahnfächer sowie in weiterer Folge der Kieferhöhlen führen kann. Gams- und Steinwild haben deutlich härtere Zähne als Reh- und Rotwild, was sicherlich ein Mitgrund für das höhere Durchschnittsalter von Gams- und Steinwild ist, da „Altersgebisse" bei diesen Wildarten erst in einem Alter um die 20 Jahre auftreten.

### Zusätzliche Zähne

Zusätzliche oder überzählige Zähne können je nach Lage ebenfalls störend bei der Äsungs- bzw. Futteraufnahme oder beim Wiederkäuen wirken. Zwei sehr ähnliche Fälle zusätzlicher Prämolaren (Vormahlzähne) wurden mir aus

Links: Rehbock mit zusätzlichen Prämolaren. (Foto: © J. Burgstaller)
Rechts: Grandln bei einer dreijährigen Rehgeiß.

Oberkärnten gemeldet. BUBENIK (1967) hat darauf hingewiesen, dass Rehe ursprünglich 4 Prämolaren hatten und dass dies – zwar selten – auch heute noch auftreten kann.

### Wie häufig sind Grandln beim Reh?

Grandln, wie vom Rotwild bekannt, gelten als rudimentäre (zurückgebildete) Oberkieferzähne, die bei geweihlosen oder kleinen Hirscharten auch als Kampfzähne, z. B. in Brunftkämpfen, eingesetzt werden.

Zum recht seltenen Vorkommen von Grandln, also Eckzähnen, im Oberkiefer von Rehen gibt es eine gute Übersicht von STUBBE und PASSARGE (1979). Demnach kann das Auftreten von Haken bei Rehen gebietsweise unterschiedlich häufig sein. Berichtet wird von Häufigkeiten zwischen

0,2 und 5 % unter allen erlegten Rehen. In einer Untersuchung hatte sogar jeder dritte Bock Haken, und in einem kleinen Revierteil wurde fast bei allen Böcken Haken gefunden. Dies würde darauf hinweisen, dass es eine deutliche erbliche Komponente für das Auftreten von Haken gibt. Mit hoher Wahrscheinlichkeit werden die meisten der insgesamt seltenen Grandln bei erlegten Rehen einfach übersehen, besonders bei weiblichen Stücken und natürlich dann, wenn sie nicht durch das Zahnfleisch durchgebrochen sind. Das Auftreten von Grandln beim Rehwild kann man als sogenannten Atavismus bezeichnen. Dieses Wiederauftreten entwicklungsgeschichtlich primitiver Körpermerkmale stammt vermutlich aus Zeiten, in denen die größeren Vorgänger noch als Kampfzähne dienten, so wie heute noch beim Muntjak oder Wasserreh.

### Fehlende Zähne

Bei fehlenden Zähnen kommt es meist zu einem sogenannten „Treppengebiss", da der der Zahnlücke gegenüberliegende Zahn keinen Gegenbiss und damit Abrieb hat. Ein Treppengebiss entsteht aber auch bei Kiefer- oder Zahnfehlstellungen, wo einzelne Zähne dann übermäßig abgenutzt werden können.

### Zahnfleischschwund und Osteoporose

Immer wieder sind Kiefer zu beobachten, an denen der Kieferknochen zurückgebildet erscheint und die Zahnhälse teilweise freigelegt sind oder auch Kiefer und Schädelknochen, die eine schwammartigen Aufbau zeigen. Zahnfleischschwund kann nach Zahnfleischentzündungen auftreten, z. B.

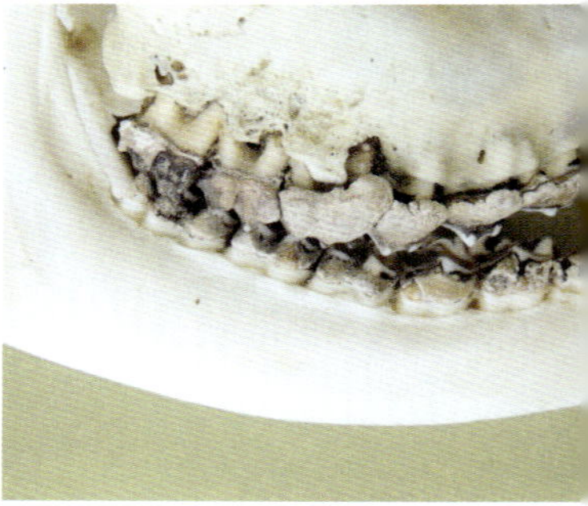

Links: Überzählige Zähne im Unterkiefer. Rechts: Treppengebiss einer Schmalgeiß.

infolge eines Hängenbleibens von Äsungs-/Futterresten in Zahnzwischenräumen. Veränderungen der Knochensubstanz (Osteoporose) wurden auch im Zuge von Fütterungsfehlern als Folge einer chronischen Pansenübersäuerung beobachtet.

## Zwitterbildung bei Wildtieren

*Möglichkeiten der Diagnose von echten Zwittern scheitern meist daran, dass beim Aufbrechen die Beckenorgane entfernt und dabei Geschlechtsorgane – wie Eierstöcke, Gebärmutter oder kleine Hoden – übersehen wurden.*

Hermaphroditismus (Zwitterbildung) kommt bei Menschen und Haustieren immer wieder vor und wird seltener auch bei Wildtieren beschrieben. Definitionsgemäß wird unter Hermaphroditismus (Intersexualität, Zwitterbildung) das kombinierte Auftreten primärer (Hoden/Eierstöcke) und/oder sekundärer Geschlechtsmerkmale (z. B. Geweih) des männlichen und weiblichen Geschlechts bei einem Individuum verstanden. Bei Wildtieren ist die Zwitterbildung vorwiegend bei Reh- und Rotwild beschrieben, wo sie entweder erblich bedingt ist oder durch hormonelle Einflüsse während der Tragzeit zustande kommt. Nach IPPEN et al. (1995) kommt eine gleichzeitige Ausbildung voll funktionsfähiger männlicher und weiblicher Geschlechtsorgane beim Wild nicht vor. In den wenigen bisher beobachteten Fällen von Zwitterbildung beim Wild handelte es sich um Scheinzwitterbildungen (Pseudohermaphroditismus), bei denen die Keimdrüsen (Hoden bzw. Eierstöcke) eingeschlechtlich sind, die sekundären Geschlechtsorgane (Geweih, Gesäuge, Pinsel usw.) aber verschiedenartige Abweichungen aufweisen. Dazu zählt auch ein Teil der „gehörnten Geißen“, wie auch männliche Rehe, deren Hoden in der Bauchhöhle verblieben und deren äußere Geschlechtsorgane weiblichen Charakter aufweisen.

### Reh mit Gesäuge und Geweih

NETZER (1986) beschreibt ein 4–5-jähriges Reh mit starkem, gut geperltem Sechsergeweih mit gleichzeitig ausgebildetem prallem Gesäuge, welches auch Milch bildete. Die Schürze (Vulva) war normal ausgebildet, ein Pinsel fehlte, vor der Gebärmutter und den Eierstöcken lagen voll entwickelte, etwas kleinere Hoden. BLAHA (1986) beschreibt ein „gehörntes“ Schmalreh, bei dem Feuchtblatt und Spinne ebenso vorhanden waren wie zwei verkümmerte Brunftkugeln unter der Decke. Als Einzelfall beschreiben IPPEN et al. (1995) einen Zweidrüsenzwitter, bei dem außer einer voll ausgebildeten Frucht in der Gebärmutter und funktionsfähigen

Eierstöcken gleichzeitig das Vorhandensein von Hoden festgestellt werden konnte, wobei das Tier ein Sechsergeweih trug und ein ausgesprochen männliches Verhalten zeigte. Nachstehender Befund, den ich bei einem Reh aus der Steiermark/Österreich erheben konnte, wird in vergleichbarer Form in der zugänglichen Literatur beim Reh bisher nicht erwähnt.

### Zwitterbock

Am 15. August 2005 erlegte Heribert Haidenhofer in Allerheiligen im Mürztal (Steiermark) wegen einer Laufverletzung einen zweijährigen Rehbock, Gewicht aufgebrochen 14 kg, der ein vollkommen verecktes Geweih geschoben und dieses auch verfegt hatte. Die Sektion ergab, dass sich neben einer in Größe und Form normal entwickelten Gebärmutter anstelle der Eierstöcke zwei Hoden (Brunftkugeln) in der Bauchhöhle befanden. Sowohl Hoden wie auch die Gebärmutter zeigten vom feingeweblichen Aufbau (mikroskopische Untersuchung) ein physiologisches (normales) Zellbild. Die Hoden in der Bauchhöhle müssen auch eine entsprechende Menge männliche Geschlechtshormone produziert haben, da der Geweihaufbau und auch das Verfegen vollkommen der Norm entsprachen. Eine Spermienbildung war jedoch nicht vorhanden. Auffallend war noch, dass die Brunftrute des Bockes kurz und der Pinsel relativ weit hinten an der Bauchdecke angelegt war.

### Kapitale Zwittergämse („Geißbock")

Am 10. November 2011 wurde im Eselsbergergraben, Bezirk Murau, eine höchst interessante Gämse erlegt. Neben der

Kapitaler Gamszwitter: der „Geißbock".

Beckenorgane des Gamszwitters mit Gebärmutter (Bildmitte).

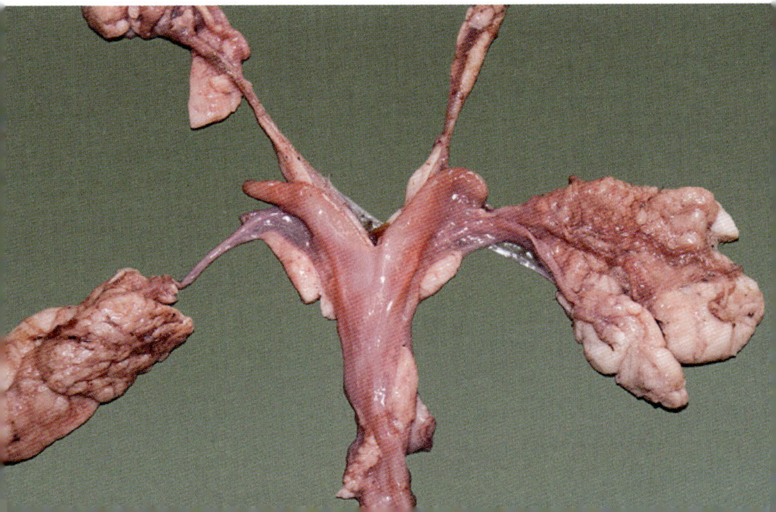

hochkapitalen Krucke war das Verhalten im Brunftgeschehen auffällig. Nach der Erlegung und im Zuge der Sektion der Beckenorgane konnte festgestellt werden, dass bei dieser etwa 7 Jahre alten Gämse (Schübe schwer zu zählen) sowohl eine Brunftrute mit Pinsel (Harnabsatz über die Brunftrute) als auch eine Gebärmutter, aber keine Hoden oder Eierstöcke vorhanden waren, ebenso fehlten die Brunftfeigen vollkommen.

Im gegenständlichen Fall ist zu vermuten, dass das extreme Kruckenwachstum auf das Fehlen der Keimdrüsen (Hoden, Eierstöcke) zurückzuführen ist. Eine Korrelation zwischen der Tätigkeit der Keimdrüsen und den damit verbundenen Hormonschwankungen auf das Hornwachstum vermuteten bereits KNAUS und SCHRÖDER (1975), indem sie behaupten, dass das Hornwachstum zur Zeit der Brunft durch den höheren Spiegel an Geschlechtshormonen sowohl bei Böcken als auch bei Geißen gehemmt wird. Diese Hemmung des Hornwachstums fiel bei der vorgelegten Gämse durch das weitgehende Fehlen von Geschlechtshormonen weg. Auch Ochsen (kastrierte männliche Rinder) wachsen längere Hörner als Stieren.

Die Maße der Krucke (Schlauchlänge 29,5 cm, Auslage 16,5 cm, Höhe 19,5 cm, Umfang 7 cm) ergeben ca. 110,3 Punkte nach der deutsch-österreichischen Einheitsformel. Die Schläuche sind dünn und längsoval im Querschnitt, aber gut gehakelt. Alles in Allem handelt es sich tatsächlich um einen „Geißbock“. Ein ähnlicher Fall ist mir aus der einschlägigen Literatur nicht bekannt.

## Schwierigkeiten beim Setzen

*Neben möglichen Schwierigkeiten während der Trächtigkeit, wie Abortus, mumifizierte Früchte oder Steinfrüchte, kann es auch beim Setzen selbst noch zu Komplikationen kommen. Probleme bei der Geburt sind aber bei Haustieren deutlich häufiger als bei Wildtieren.*

Schwierigkeiten beim Setzen haben hauptsächlich folgende Ursachen: entweder liegt eine absolut zu große Frucht vor (Querschnitt der Frucht in Geburtslage ist größer als der innere Beckendurchmesser der Mutter) oder das ungeborene Kalb/Kitz hat eine falsche Lage bzw. Stellung im Geburtsweg. Für den Geburtsweg absolut zu große Früchte bleiben im Becken der Mutter stecken. So kann es z. B. passieren, dass ein Kalb/Kitz in Steißlage in das Becken eintritt und stecken bleibt oder dass ein Hinterlauf vor- und einer nach hinten gestreckt ist („Hürdenspringerstellung"), auch kann der Kopf zur Seite verschlagen sein. Bei Zwillingsträchtigkeiten können auch Teile, meist Extremitäten, von beiden Früchten zugleich in das Becken eintreten und dann stecken bleiben. Weiters können Missbildungen der Früchte wie z. B. Wasserkopf, versteifte Läufe oder Wirbelsäulendeformationen zu Schwergeburten führen oder vollkommene Geburtshindernisse darstellen. Missbildungen können angeboren sein oder auch aufgrund von Infektionen, wie z. B. durch das Schmallenberg-Virus, entstehen. Scheiden- oder Gebärmuttervorfälle können ebenfalls eine normale Geburt verunmöglichen. Weitere Ursachen für verzögerte oder unmögliche Geburten sind abgestorbene oder bereits aufgegaste Früchte,

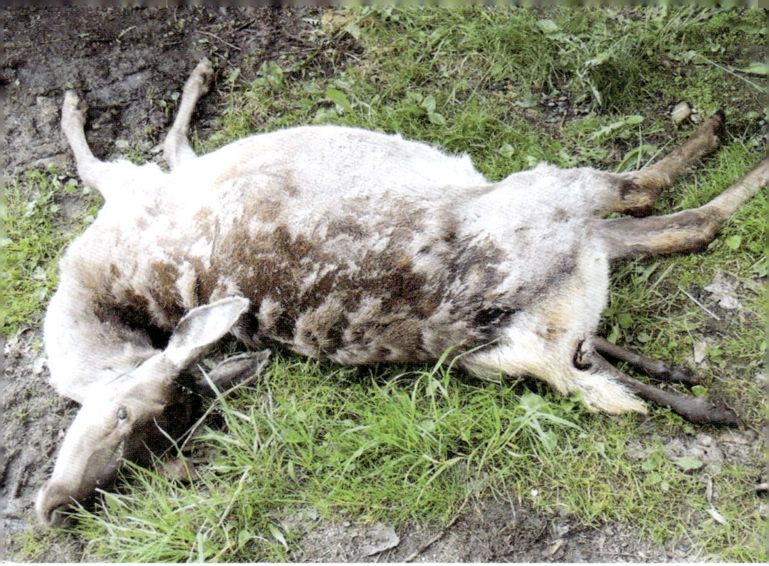

Beim Setzakt verendetes Rottier, die Hinterläufe des Kalbes ragen aus dem Geburtsweg.

Verendete Rehgeiß, bei der die Vorderläufe des stecken gebliebenen Kitzes zu sehen sind.

Beckendeformationen der Muttertiere, Eihautwassersucht, Gebärmutterdrehung oder Wehenschwäche.

Bei einer physiologischen Geburt kommt es nach einer Weitungsphase, während der die Fruchtblase den Geburtsweg, vor allem den Muttermund, mechanisch weitet, zur Austreibungsphase. Das Austreiben der Frucht bzw. Früchte ist bei Wildtieren üblicherweise innerhalb kurzer Zeit abgeschlossen. Anzeichen von Schwergeburten sind eine verzögerte Austreibungsphase, besondere Unruhe und Schmerzäußerungen sowie starkes, ergebnisloses Pressen.

Die Frage der Verwertbarkeit des Wildbrets von bei Schwergeburten aus Tierschutzgründen erlösten Muttertieren erübrigt sich selbstverständlich. Das Wildbret diese Stücke ist durch körperliche Anstrengungen infolge der Wehentätigkeit, Schmerzen und häufig auch aufgrund von aufsteigenden bakteriellen Infektionen natürlich untauglich für den menschlichen Verzehr.

## Steinfrucht – schwere Störung der Trächtigkeit

*Ein interessanter, mit Bildern dokumentierter Fall einer Steinfrucht bei einer Rehgeiß trat im Bezirk Murau auf. Insgesamt scheinen Steinfrüchte zuzunehmen, was auch in Zusammenhang mit neu auftretenden Infektionserregern, wie dem Schmallenberg-Virus stehen könnte.*

Bei der Beobachtung am 21. Mai zeigte die Rehgeiß Schwierigkeiten beim Nässen sowie einen geringgradigen eitrigen Scheidenausfluss. Die Bauchlinie war etwas aufgezogen.

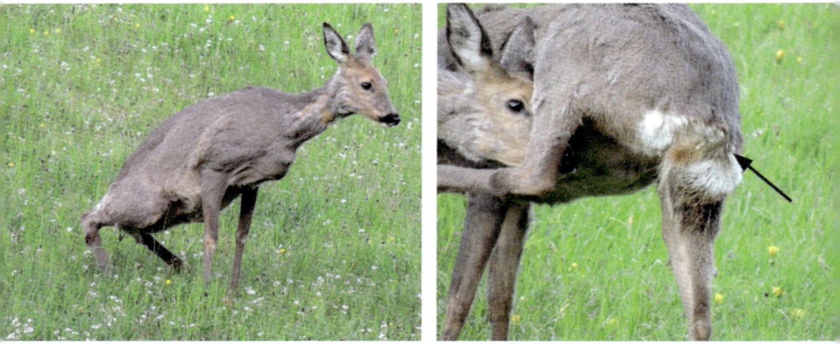

Rehgeiß am 21. Mai 2014 beim Nässen und mit Ausfluss (Pfeil) aus dem Feuchtblatt. (Fotos: © Uschi Deutz)

Die Verdachtsdiagnose damals lautete auf Abortus oder Fehlgeburt, da auch kein Gesäuge ausgebildet war. Erst am 21. September konnte die Rehgeiß wieder beobachtet und dann auch erlegt werden. Beim Ansprechen war die deutliche Abmagerung auffällig und beim Aufbrechen die hart gefüllte Gebärmutter.

In der Gebärmutter verbleibende Früchte sind meist die Folge von einem beginnenden Abort, wenn der Muttermund oder der weiche Geburtsweg nicht genügend geöffnet sind, um die Austreibung der Frucht zu gestatten. Mazerationen der Früchte verlaufen bei teilweise geöffnetem Muttermund mit aufsteigenden, meist schmerzhaften bakteriell bedingten Entzündungen. Es kommt durch die Reizzustände zu häufigerem Absatz von Losung/Kot und Harn. Die chronische Gebärmutterentzündung kann auch von einer Bauchfellentzündung begleitet sein und führt zur Abmagerung des Muttertieres,

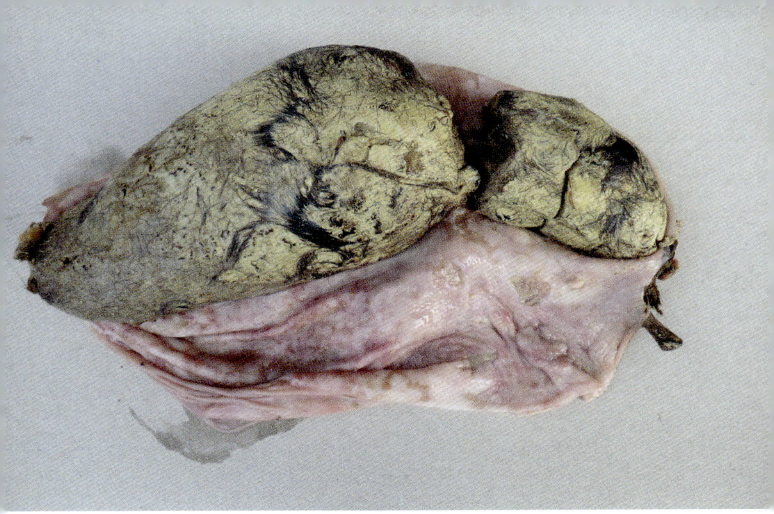

Steinfrucht (Foto: © Stephan Bischof)

das auch verenden kann. Sowohl aufgrund der deutlichen Abmagerung als auch der eitrigen Gebärmutterentzündung war die Geiß untauglich für den menschlichen Verzehr.

## „Karunkel" in der Gebärmutter einer Rehgeiss

*Nach dem Fangschuss auf eine schwer kranke, innehabende Rehgeiß nach der Kollision mit einem Auto fielen dem Jäger beim Aufbrechen neun kugelige, derbe Gebilde in der Gebärmutter auf.*

Diese annähernd kinderfaustgroßen „Gebilde" auf der Innenseite der Gebärmutterwand sind vollkommen normal. Es handelt sich dabei um sogenannte „Karunkel", jene Teile der Innenwand der Gebärmutter, wo bei trächtigen Wiederkäuern (andere Tierarten haben einen anderen Aufbau der Gebärmutterinnenwand) eine innige Verbindung zwischen mütterlichem und embryonalem Teil der Fruchthüllen

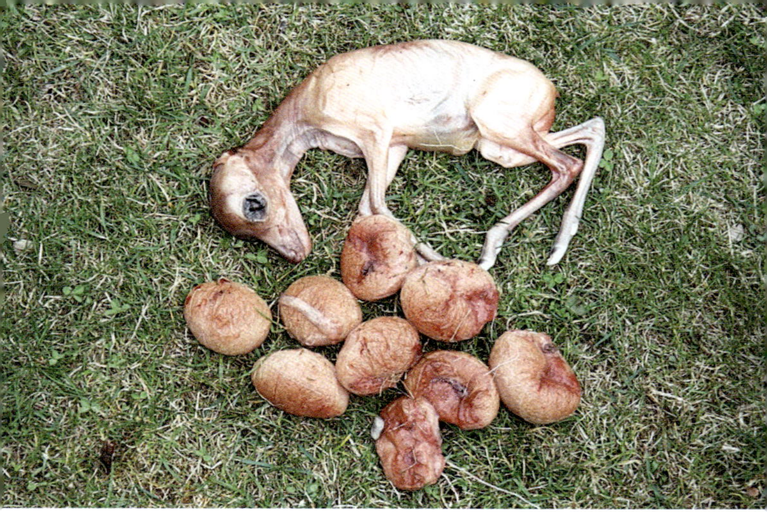

Neun kugelige Gebilde („Karunkel“) von der Innenseite der Gebärmutter einer innehabenden Rehgeiß, die bei einer Kollision mit einem Auto verletzt wurde – nichts Krankhaftes!

(„Nachgeburt“) gegeben ist. An den Karunkeln setzten die Kotyledonen, also Teile seitens des Embryos/Fetus an. Sie sind als Zottenbüschel bzw. Zottenfelder ausgebildet und gewährleisten so den intensiven Kontakt und damit die Möglichkeit der Blutzirkulation und des Stoffaustausches zwischen dem mütterlichen Blutkreislauf und dem des ungeborenen Kitzes. Die Größe, Form und Anzahl dieser Karunkeln ist bei unseren Haus- und Wildwiederkäuern sehr unterschiedlich. Sie können kissenförmig (Rind, 70 bis 140 Karunkeln), napfförmig (Schaf), scheibenförmig (Ziege) oder sehr groß und kugelig wie beim Reh ausgebildet sein. Das Reh hat normalerweise um die 5 Karunkel. Vom Aussehen des ungesetzten Kitzes und der Karunkel ist mit hoher Sicherheit davon auszugehen, dass der Fetus vor dem Fangschuss auf die Geiß bereits verendet war – möglicherweise ein Mitgrund für den schlechten Allgemeinzustand der Geiß

(Streuen einer Infektion, Fieber?) und damit einem höheren Risiko einer Kollision mit einem Auto.

Nach dem Setzen bilden sich die Karunkeln wieder zurück. Da nur sehr selten hochträchtige Stücke oder Stücke kurz nach dem Setzen aufgebrochen werden (z. B. Unfallwild), fallen diese Karunkel nicht auf und sind deshalb in Jägerkreisen weitgehend unbekannt.

## Rotwild-Abortus durch Hundeparasiten

*In einem steirischen Revier ereigneten sich von November bis Dezember 2017 insgesamt fünf Abortusfälle bei Rottieren im Bereich einer Fütterung. Nach Einsendung einer abortierten Frucht (Scheitel-Steiß-Länge 17 cm) samt Nachgeburtsteilen konnte als Abortusursache molekularbiologisch ein einzelliger Hundeparasit (Neospora caninum) nachgewiesen werden.*

Dieser sehr kleine einzellige Parasit wurde erst Ende der 1980er Jahre bei Hunden mit neurologischen Erkrankungen beschrieben. Es dürfte aber nur ein geringer Prozentsatz aller infizierten Hunde erkranken. Hunde sind Endwirte und Wiederkäuer sind Zwischenwirte in der Entwicklung von Neospora. Isoliert wurde der Erreger mittlerweile auch aus Rindern, Pferden, Schafen, Ziegen, Rotwild und Katzen, wobei klinisch nur Hunde und Rinder schwer betroffen sind. Bei Rindern treten nach Infektionen Aborte auf. Neosporose gehören mittlerweile zu den häufigsten Abortusursachen beim Rind. Weiters können lebensschwache oder dauerhaft infizierte Kälber geboren werden, die ihre Infektion später auch weitergeben.

Die Ursache von Abortusfällen ist bei der Mehrzahl der Fälle durch Untersuchung der Frucht bzw. der Nachgeburt nachzuweisen.

Bei Rotwild ist aus der zugänglichen Literatur Neosporose bisher noch nicht als Abortusursache beschrieben. Es ist damit auch nicht wirklich abzuschätzen, ob einmal infizierte Tiere immer wieder abortieren können, wie es bei dauerhaft infizierten Kühen beschrieben ist. Nachdem das Durchschnittsalter der 5 Tiere, die in diesem Revier abortiert haben, bei rund 10 Jahren liegt, ist zu vermuten, dass Infektionen auch beim Rotwild zumindest mit dauerhaft erhöhtem Abortusrisiko verbunden sind. Wenn auch abortierte Kälber häufig nicht zu finden sind, da sie recht rasch von Füchsen oder Raben „entsorgt“ werden, kann ein höherer Prozentsatz nachbrunftiger Tiere einen Hinweis auf ein infektiöses Abortusgeschehen geben.

Neben der Weitergabe der Infektion von Muttertieren auf die Nachkommen sind beim Rind besonders jene Hofhunde ein Risiko, die Nachgeburtsmaterial aufnehmen und dann Oozysten ausscheiden, die im Stall über den Kot auf Futter übertragen werden. Auch die Fütterung von Hunden mit rohem Fleisch/Wildbret von Wiederkäuern birgt ein Risiko.

Ein geringeres Risiko als von Hofhunden geht von Hundekot auf Futterflächen aus. Es ist auch noch nicht bekannt, wie lange der Erreger beispielsweise in Silage überleben kann.

Analog zu den Erkenntnissen bei Bauernhofhunden sollten Jagdhunde nicht mit rohem Wildbret ernährt werden, und sie sollten möglichst keine Nachgeburten oder abortierten Rotwildfeten aufnehmen können. Auf keinen Fall sollte man zulassen, dass Hunde in Fütterungsbereichen Kot absetzen.

## Ursachen von Schädeldeformationen

*Bei Schädeldeformationen wird immer wieder nach der Ursache gefragt, häufig werden Verletzungen dafür verantwortlich gemacht. Die meisten dieser Missbildungen sind jedoch angeboren.*

Unter **Missbildungen** werden Veränderungen der Form und Gestalt des ganzen Körpers oder von einzelnen Körperteilen verstanden, die auf Störungen der vorgeburtlichen Entwicklung (z. B. beengte Lage im Tragsack bei Mehrlingsträchtigkeit) zurückzuführen sind. **Regelwidrigkeiten** dagegen sind Veränderungen, die durch Mangelzustände, Verletzungen usw. erst nach der Geburt entstehen. Missbildungen des Kopfskelettes sind entweder erblich oder umweltbedingt, oder sie können auch Folge von Infektionen oder Vergiftungen im Mutterleib sein. Vielfach kann die Ursache nicht geklärt werden. Häufungen von Kieferanomalien bei Rot-, Reh- und Steinwild in umschriebenen Gebieten lassen an einen erblichen Einfluss denken, der auch bei Schaf und Rind beschrieben ist.

In den meisten Fällen liegt der Grund für derartige Verformungen jedoch in einer Fehllagerung der Frucht in der Gebärmutter, wo es dann während des Wachstums der ungeborenen Frucht zu derlei Verformungen kommen kann. Wenn keine Frakturen feststellbar sind, kann massive Gewalteinwirkung (z. B. Kollision mit KFZ) oder eine alte Schussverletzung weitestgehend ausgeschlossen werden. Zum Ausschluss einer Fraktur oder einer Schussverletzung wäre in Zweifelsfällen eine röntgenologische Untersuchung zielführend.

### Nasenbeinverkürzung – „Mopsreh"

Bei vielen Schädeldeformationen ist davon auszugehen, dass die betroffenen Stücke stark in der Äsungs- und Futteraufnahme behindert werden und damit kümmern. Die unten abgebildete Schmalgeiß mit massiver Schädeldeformation

Links: Nasenbeinverkürzung und -verbiegung bei einer Rehgeiß. (Foto: © FJS) Rechts: Schädelpräparat eines „Mopskopfes" mit Rammsnase.

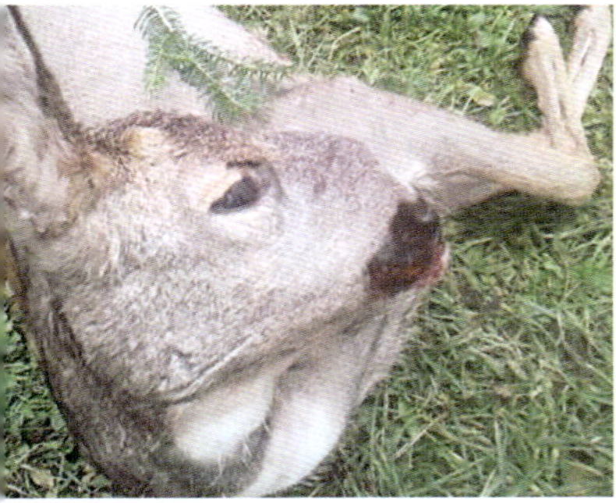

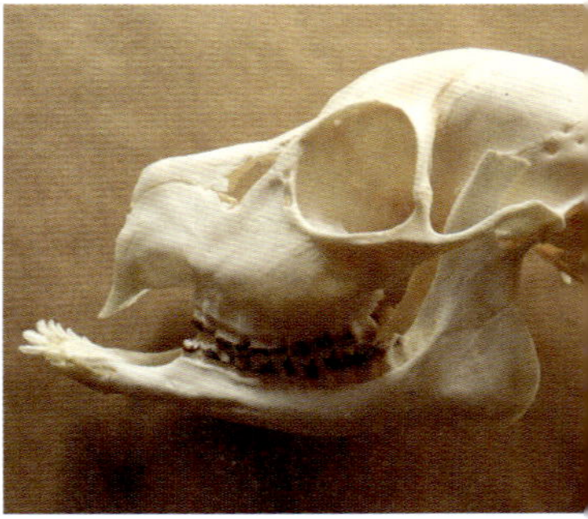

war körperlich schlecht entwickelt und hatte ein Wildbretgewicht von 6 kg (mit Haupt!). Verkürzungen und/oder Verbiegungen des Oberkieferknochens und Nasenbeines sind wesentlich seltener als Verkürzungen des Unterkiefers.

## Skelettanomalie durch Virusinfektion?

Da in freier Wildbahn Inzuchtmerkmale deutlich seltener auftreten als in der Haustierzucht und bei beiden unten abgebildeten Fällen die Unterkiefer nicht nur verkürzt, sondern auch deutlich verbogen waren, vermute ich die Möglichkeit einer Missbildung aufgrund einer Infektion der Rehgeißen während der Trächtigkeit mit dem Schmallenberg-Virus, welches seit 2012 in Österreich auftritt. Skelettmissbildungen nach Infektionen mit dem Schmallenberg-Virus sind auch bei Rindern, Schafen und Ziegen bekannt. Derartige Gebissanomalien behindern das Stück in der Äsungs- und

Schmalgeiß mit verkürztem und verbogenem Unterkiefer – Verdacht auf eine Virusinfektion oder erbliche Komponente.

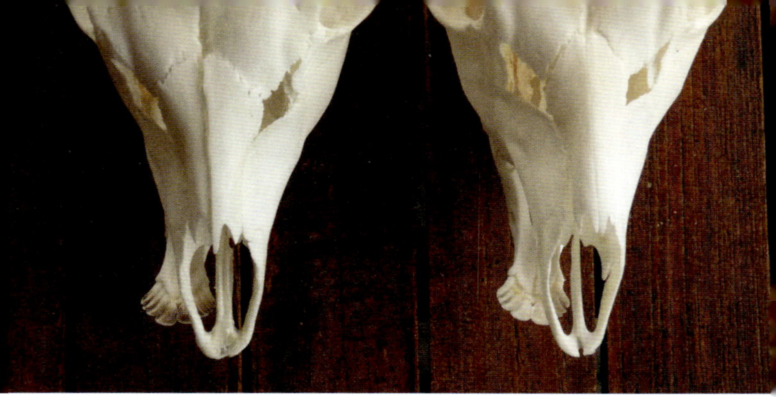

Im selben Revier wurde kurz darauf ein Jährlingsbock mit derselben Missbildung erlegt.

Futteraufnahme, führen damit zu Kümmern und wegen deutlicher Abmagerung zu einer Untauglichkeit für den menschlichen Verzehr. Auffällig ist meist ein starker, links und rechts deutlich unterschiedlicher Zahnabrieb an Milch- und Dauerzähnen.

### Verbogene Nasenbeine

Das unten abgebildete Rottier habe ich im Zuge einer Riegeljagd in der Gemeindejagd St. Lambrecht, Bezirk Murau

Alttier mit nach unten und seitlich verbogenem Nasenbein.

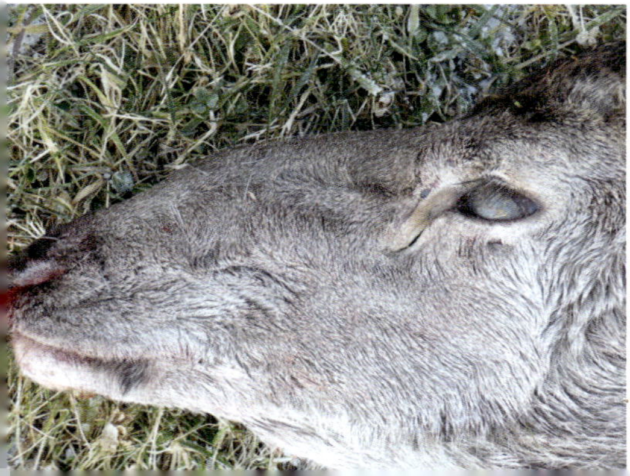

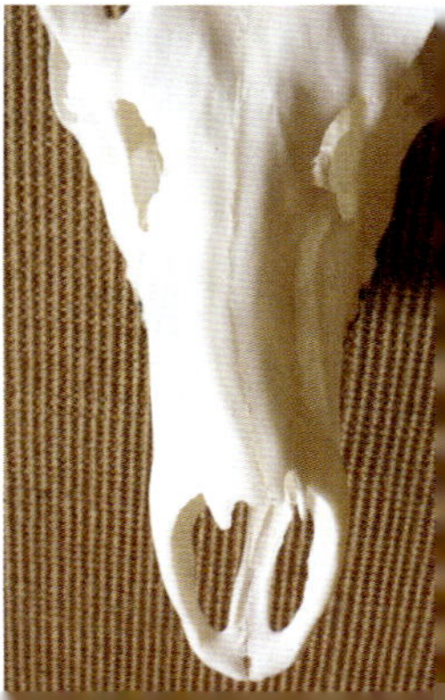

erlegt. Das 8–9-jährige Alttier war nicht abgekommen und zeigte sogar relativ regelmäßigen Zahnabschliff. Die Verbiegung des Nasenbeines und Oberkiefers dürfte bereits vorgeburtliche Gründe (beengte Lage im Tragsack) haben.

### Wildschwein mit „Schiefrüssel"

Details zum abgebildeten Wildschweinschädel: Das nicht abgekommene Stück Schwarzwild wurde im Dezember 2012 erlegt. Auffällig war der „krumme" Schädel, die Schwarte des Stückes war eher braun – also eher „frischlingsfarben".

Eine angeborene seitliche Verkrümmung der Kopfknochen im Bereich der Nase („Schiefnase", Kampylorhinie) ist auch bei Rind und Hauschwein bekannt. Diese Verkrümmung der Nase besteht meist ohne nennenswerte Behinderung der Atmung und kommt oft verbunden mit einer Ober- bzw.

Auch dieser „Schiefrüssel" dürfte bereits im Mutterleib entstanden sein. (Fotos: © A. Kelle)

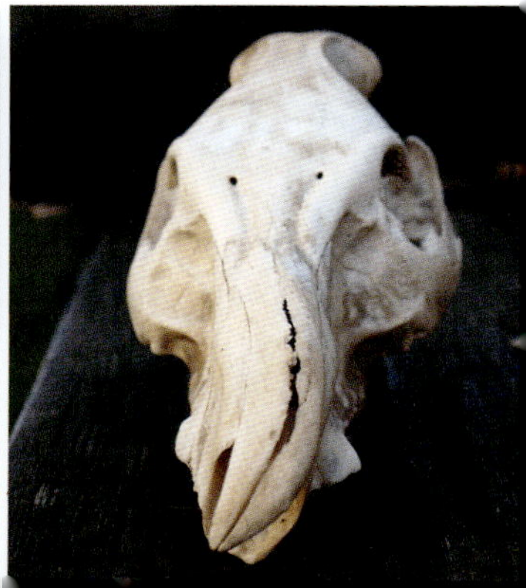

Unterkieferverformung vor. Da es beim Rind eine auffällige Häufung bei der Rasse Schwarzbunte und erblich bedingte Bulldogkälber beim Dexter-Rind gibt, kann auch an eine genetische Komponente dieser Missbildung gedacht werden.

Falls Stücke mit den beschriebenen Missbildungen deutlich abmagern, sind sie für den menschlichen Verzehr nicht geeignet.

## Tumoren („Krebs") bei Wildtieren

*Tumoren, also Geschwülste, treten bei Wildtieren an der Haut sowie in sämtlichen Geweben und Organen immer wieder auf, werden aber besonders in Innenorganen häufig übersehen. Mittlerweile gibt es Berichte über die Zunahme von tumorösen Erkrankungen bei Wildtieren, so z. B. von Fibropapillomen bei Rehen in Osteuropa oder allgemein von Tumoren bei Wildtieren in Nordamerika.*

In aktuellen nordamerikanischen Studien wird von einer Zunahme von Tumorerkrankungen bei Wildtieren berichtet und dafür einerseits die Übertragbarkeit (viral bedingte Tumoren) mancher Tumorarten und andererseits Umweltfaktoren wie die sog. „plastic pollution", also eine Verschmutzung der Umwelt mit Unmengen von verschiedensten Kunststoffen sowie deren Abbauprodukten (z. B. synthetische Monomere) verantwortlich gemacht.

Ein Tumor zeichnet sich meist durch Wuchern eines Gewebes sowie starke oder schrankenlose Zellvermehrung („Krebs") aus. Die dabei entstehenden Gewebe haben meist

Ähnlichkeit mit dem Ausgangsgewebe. Tumoren sind entweder von knotenförmiger Gestalt oder wachsen diffus ins Gewebe ein. Gutartige Geschwülste verdrängen ihre Umgebung, bösartige brechen zerstörend in Gewebe bzw. Organe ein. Über Blut- oder Lymphstrom können sie streuen und Tochtergeschwülste (Metastasen) ausbilden. Eine Tumordiagnose (Ausgangsgewebe und Art des Tumors, gutartig/bösartig) ist nur durch eine histologische Untersuchung (feingewebliche Beurteilung von Gewebsschnitten mittels Mikroskop) möglich.

Tumoren können in unterschiedlichster Ausprägung bei sämtlichen Wildtieren auftreten. Von den heimischen Wildtieren ist das Rehwild am häufigsten betroffen.

Tumoren bei Wildtieren, die ich beim Sezieren feststellte, waren überwiegend Fibrome und Papillome, seltener Fibrosarkome, Osteosarkome, Lymphome, Liposarkome, Seminome sowie Gallengangskarzinome.

Aus wildbrethygienischer Sicht sind Stücke mit Geschwülsten, falls sie abgekommen sind bzw. Geschwülste zahlreich oder verteilt in inneren Organen oder in der Muskulatur vorkommen, untauglich. Geringgradigere Veränderungen gelten auf alle Fälle als Auffälligkeiten, weshalb das Stück durch ein Fleischuntersuchungsorgan zu untersuchen ist, falls eine Verwertung als Lebensmittel erwogen wird. Ebenfalls kann von einer Untauglichkeit ausgegangen werden, wenn die Veränderungen ekelerregend sind. Das Wildbret der hier vorgestellten Fälle war selbstverständlich nicht für den menschlichen Verzehr geeignet.

### Hodentumor (Seminom) bei einem Gamsbock

Der stark vergrößerte Hoden des unten abgebildeten Gamsbocks wog 210 g, der zweite, gesunde Hoden lediglich 20 g. Der Gamsbock war weder abgekommen noch schlecht verfärbt, obwohl der Tumor starke Schmerzen verursacht haben dürfte. Bei Vergrößerung der Hoden immer auch an Brucellose (Infektionsgefahr für den Menschen) denken!

### Knochentumor bei einem Rehbock

Dieser Fall betrifft einen Tumor am linken Vorderlauf eines Rehbockes, er wog aufgebrochen nur mehr 11,5 kg. Der Bock wurde bereits Mitte Mai mit einer Schwellung am linken Vorderlauf beobachtet. Bei dem fast kindskopfgroßen Tumor handelt es sich um ein bösartiges Osteosarkom. Im Tumor fanden sich Blutungen, Nekrosen (abgestorbenes Gewebe) und eine hochgradige Osteolyse (Auflösung von Knochen) wurde festgestellt.

Links: Hodentumor mit ca. 10-fach vergrößertem Hoden bei einem Gamsbock. Rechts: Bösartiger Tumor am Vorderlauf eines Rehbockes.

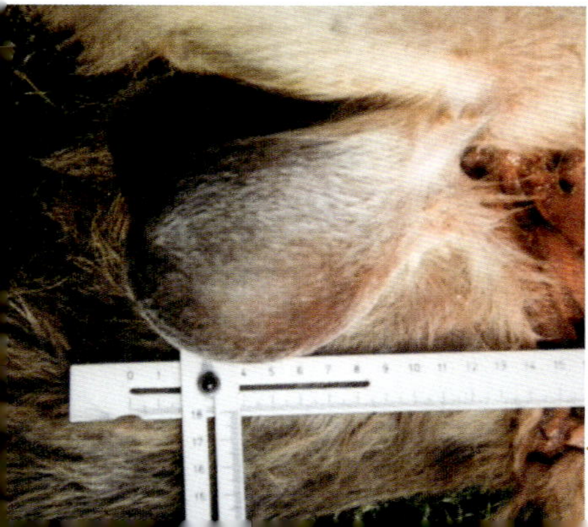

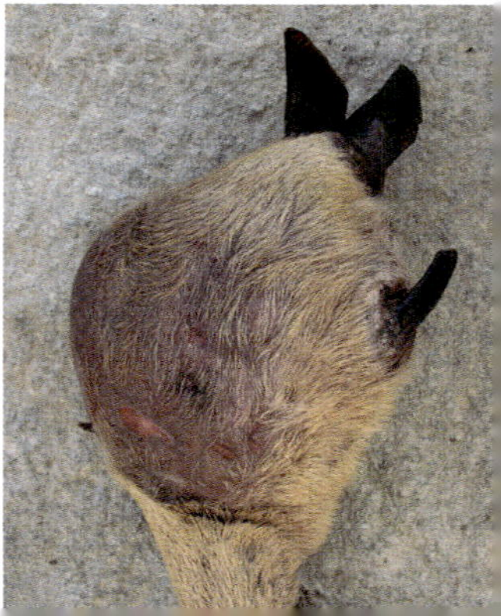

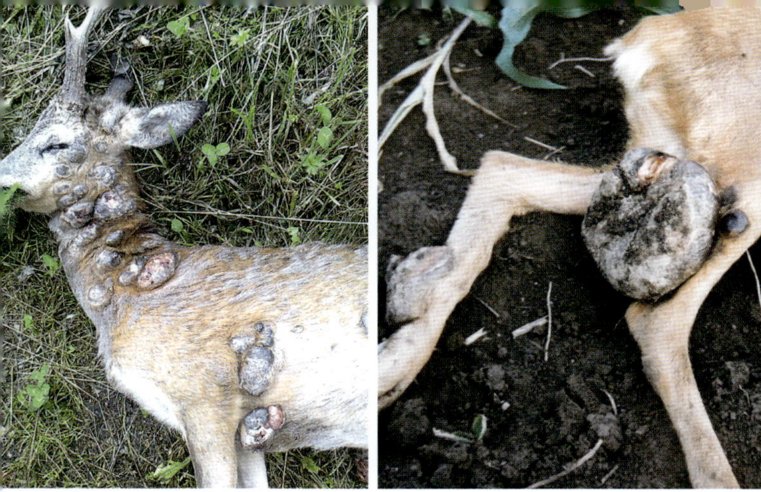

Links: Fibrosarkome bei einem Rehbock. (Foto: © Reinhard Schwarz)
Rechts: Papillome oder Fibrome bei einem Rehbock (es wurde keine histologische Untersuchung veranlasst).

## Fibrosarkome bei einem Rehbock

Fibrosarkome sind bösartig, haben oft eine „bunte" Schnittfläche, neigen zur Metastasierung und wurden in den letzten Jahren in Mittel- und Osteuropa vermehrt bei Rehwild nachgewiesen. Auch bei Fibromen wird eine Übertragbarkeit von Tier zu Tier diskutiert. Da diese Tumoren in der Regel immer weiterwachsen und im Körper streuen können (Metastasen), ist im fortgeschrittenen Stadium mit einem Kümmern und letztlich mit einem Verenden nach Monaten zu rechnen.

## Massive Papillomatose bei Rehen

Bei den abgebildeten tennisball- bis nahezu kindskopfgroßen Tumoren an den Hinterläufen eines ca. 5-jährigen Rehbockes, der Mitte Juni stark abgekommen (11 kg aufgebrochen) und schlecht verfärbt erlegt wurde und von dem keine feingewebliche Untersuchung vorliegt, handelt es sich vermutlich um Papillome oder Fibrome.

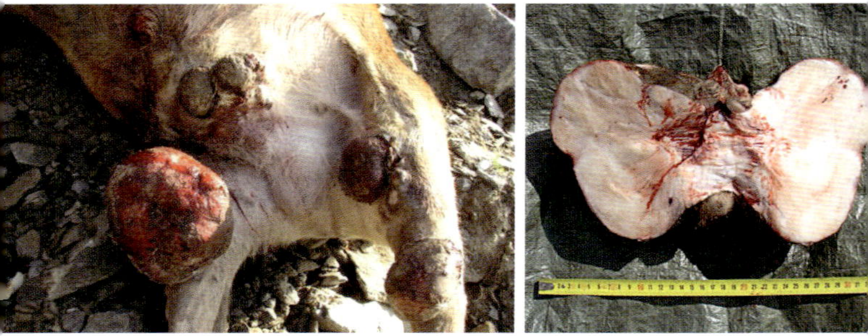

Links: Hirsch mit Fibromen (Verdachtsdiagnose). Rechts: Angeschnittener Tumor des oben abgebildeten Hirsches. (Fotos: © Klaus Bliem)

## „Tumorhirsch" aus Südtirol

Dieser Fall betrifft einen im Revier Schlanders (Vintschgau) auf ca. 2.300 m Seehöhe als Hegeabschuss erlegten Hirsch, der nicht abgekommen war, aber zahlreiche Geschwülste aufwies. Zwei Jahre davor wurde in diesem Gebiet ein Hirsch mit ähnlichen Symptomen gesichtet, aber nicht erlegt, er dürfte verendet sein.

Bei den abgebildeten Zubildungen handelt es sich vermutlich um Fibrome oder weniger wahrscheinlich um Papillome. Eine exakte Diagnose wäre nur über eine histologische Untersuchung möglich gewesen.

## Sarkom am Haupt und in der Leber

Diese ca. 10-jährige Rehgeiß wurde festliegend mit einem Fangschuss erlöst. Auffällig war eine kinderfaustgroße Umfangsvermehrung an der linken Kopfseite, die sich nach der histologischen Untersuchung als Sarkom herausstellte.

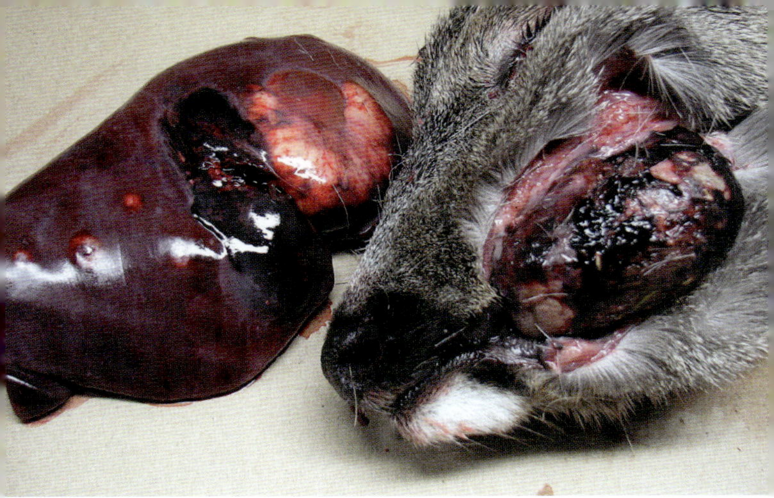

Tumor (Sarkom) am Haupt mit Metastasen in der Leber.

Sarkome sind bösartige Tumoren, die zu frühzeitiger Metastasierung, meist über die Blutbahn neigen. Im Zuge der Sektion wurden auch zahlreiche speckige kastanien- bis kinderfaustgroße Metastasen in der Leber gefunden.

## PANSENSTEINE

*Pansensteine werden am häufigsten bei Gams- und Steinwild gefunden, kommen aber auch bei anderen Wild- und Hauswiederkäuern vor.*

Pansensteine, auch Bezoare oder „Gamskugeln" genannt, entstehen aus schwer- oder unverdaulichen Pflanzenteilen oder Haaren (Phyto- oder Trichobezoare), die sich verfilzen und später durch die dauernden Vormagenbewegungen kugelig, walzen- oder eiförmig werden. In der Folge lagern sich weitere Schichten sowie Mineralstoffe in kristalliner Form (meist Kalzium-, Phosphor- oder Magnesiumverbindungen) an, und die Oberfläche wird durch die dauernden Pansen-

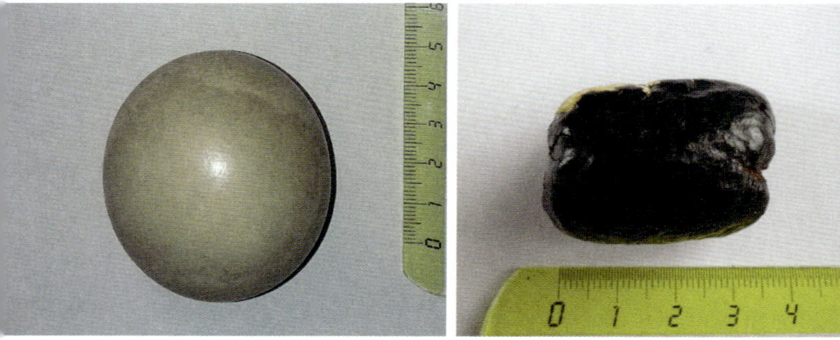

Links: Pansenstein mit 153 g aus dem Weidsack einer Rehgeiß. Rechts: Walzenförmiger Pansenstein aus einer Gams.

bewegungen poliert. Auch aufgenommene Fremdkörper (z. B. Steinchen) können das Zentrum eines späteren Bezoars bilden. Bei einem Querschnitt durch die meist walnuss- bis hühnereigroßen Bezoare sind fast immer das Zentrum und eine Schichtung erkennbar. Gesundheitliche Störungen, wie Verdauungsprobleme oder Blähungen, sind im Zusammenhang mit Pansensteinen selten und nur bei größeren Bezoaren zu erwarten – so wurden z. B. schon Bezoare mit bis zu über 20 cm Ø bei Gämsen gefunden. Bezoare sind beim Gams- und Steinwild relativ häufig, bei anderen Wiederkäuern seltener und werden vermutlich häufig übersehen, da der Weidsack meist nicht eröffnet oder durchgetastet wird. Magensteine, ausgehend meist von unverdaulichem Material, kommen übrigens auch bei Menschen und Kaninchen vor.

Pansensteinen wurden früher in der Volksmedizin über 40 besondere Heilkräfte zugesprochen, und sie waren ein

Zauberrequisit. Wer sie bei sich trug, war für 24 Stunden hieb- und stichfest; wenn man ein wenig von den Bezoaren abschabte und mit Blei mischte, erhielt man Freikugeln. Doktor Hieronymus VELSCHIUS schrieb Anfang des 17. Jahrhunderts über Bezoarkugeln Folgendes: *„Solln eyn gutes Mittel seyn gegen Pest, Schwindel, Melancholie etc., etwas nüchtern davon eingenommen sollt sogar auf 24 Stunden schussfest machen, wenngleich es auch dem Gembs, der es gehabt, nicht geholfen. Die Jäger und Bauerndoctoren führen sie in der Hausapotheke. Mit einer Gembskugel im Sack hat man einen Universaltalisman für Seele und Leib, gegen Übel der Natur wie gegen böse Geister …"* Weiters dienten sie der Stärkung der Lebensgeister, der Geburtserleichterung, Ungezieferabwehr, waren harntreibend, halfen gegen Gift, Gelbsucht, Kopfschmerzen, Ohnmacht sowie gegen die „monatliche Blödigkeit". „Bezoar" leitet sich übrigens vom arabischen „Badsar" ab, was Gegengift bedeutet.

## Bauchwandbruch bei einem Hirsch

*Der auf der nächsten Seite abgebildete Hirsch, Klasse I, wurde wegen einer medizinballgroßen Schwellung am Unterbauch als Hegeabschuss erlegt, ein Bauchwandbruch (Hernie) war die Ursache.*

Im Zuge der Sektion am Tag nach der Erlegung konnte als Ursache der riesigen Umfangsvermehrung ein Bauchwandbruch mit einer ca. 30 cm langen Bruchpforte in der Medianlinie (*Musculus rectus abdominis*) festgestellt werden. Zusätzlich war eine ca. 2 Monate alte Fraktur am rechten Carpalgelenk („vorderes Knie") zu diagnostizieren, die vermutlich von einer Kollision mit einem KFZ herrührte.

Hirsch mit Bauchwandbruch und in den Bruchsack vorgefallenen Darmschlingen und Pansenteilen.

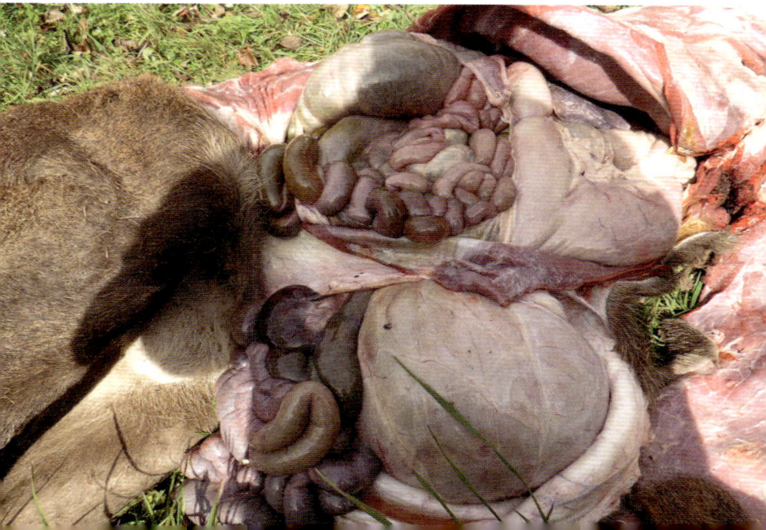

In den Bruchsack vorgefallen waren das große Netz, Darmschlingen und Teile des Pansens (siehe Markierung am Foto), zudem lag eine Bauchfellentzündung vor. Einige Darmschlingen waren dunkelrot gefärbt, was auf entsprechende Blutabflussstörungen durch die Einengung der Bruchpforte zurück in den Bauchraum schließen lässt. Der arterielle Zufluss in solche Brüche funktioniert durch die dickeren Gefäßwände der Arterien wesentlich besser als der venöse Rückfluss mit den dünneren und leichter komprimierbaren Gefäßwänden der Venen. Neben diesen Blutzirkulationsstörungen besteht das Risiko eines Darmverschlusses, es könnte auch Verletzungen des Bruchsackes von außen mit nachfolgenden Komplikationen geben. Jedenfalls ist mit Verdauungsstörungen zu rechnen. Darmverschlüsse entstehen bei kleineren Bruchpforten noch leichter. Der Hirsch wurde in den letzten beiden Jahren mehrfach bereits mit diesem großen Bruchsack beobachtet, konnte aber nicht erlegt werden.

Ursachen für Bauchdeckenbrüche sind meist gröbere äußere mechanische Einwirkungen, wie Brunftkämpfe, Hängenbleiben an Gegenständen und andere Überdehnungen der Bauchmuskulatur, in deren Folge es zu Muskelrissen in der Bauchmuskulatur kommt und Darmschlingen durch diese Bruchpforte bis in die Unterhaut vorfallen.

Allein schon aufgrund der deutlichen Abmagerung und der Bauchfellentzündung war der Hirsch selbstverständlich untauglich für den menschlichen Verzehr.

## Im Elektrozaun verunglückter Hirsch

*Dieser Fall eines in einem E-Zaun verunglückten Basthirsches ereignete sich in einem Revier, in dem bereits drei Jahre zuvor auch schon ein Hirsch in einem als Wildabwehrzaun gespannten E-Zaun verendete.*

Es ist mit an Sicherheit grenzender Wahrscheinlichkeit anzunehmen, dass die Hirsche durch das Hängenbleiben mit dem gut durchbluteten Bastgeweih im Elektrozaun einen tödlichen Stromschlag erlitten haben. Da an den Fundstellen keine Bodenverwundungen von einem Befreiungsversuch festzustellen waren, ist davon auszugehen, dass eine Betäubung bzw. das Verenden in kürzester Zeit stattgefunden haben.

Fundort eines im Elektrozaun verunfallten Hirsches. (Foto: © Engelbert Rettensteiner)

Grundsätzlich dürfen für Elektrozäune nur geprüfte Geräte verwendet werden und in Bereichen mit Personenverkehr sind Warnschilder anzubringen. Die elektrischen Werte sollten für Rinder folgenden Vorgaben (nach AID 1160/64) entsprechen: Hütespannung und Impulsenergie feinbehaarte und sensible Tiere, feuchte Standorte, kurze Zuleitungen: mindestens 2000–4000 Volt, bis 0,5 Joule; dichtbehaarte Rinder, Robustrassen, trockene Standorte, lange Zuleitung: 4000–8000 Volt, über 0,5 Joule bis maximal 5 Joule), Impulsdauer: mindestens 1 Sekunde und maximal 1,5 Sekunden, ausreichende Erdung der Zaunlage. Elektrozäune sind regelmäßig auf ihre Funktionstüchtigkeit zu überprüfen.

Inwieweit Elektrozäune, die nicht für die Umzäunung von Weideflächen landwirtschaftlicher Nutztiere verwendet werden, beispielsweise als Wildabwehrzaun, überhaupt aufgestellt werden dürfen, ist eine juristisch abzuklärende Frage.

## Was sind Samsonfüchse?

*Samsonfüchse sind eine wollhaarige Variante des Rotfuchses, bei der die Deckhaare fehlen oder nur sehr schütter vorhanden sind.*

Diese Füchse werden seit den 1930er Jahren sowohl aus Fuchsfarmen als auch aus freier Wildbahn beschrieben. Die Veränderung des Haarkleides scheint rezessiv vererbt zu werden. Neben den Veränderungen des Balges haben Samsonfüchse häufig längere und schärfere Nägel und kürzere Unterkiefer und unterscheiden sich im Verhalten (Lautgebung, Bewegung, extrem großer Hunger, sucht Nähe zu Siedlungen und Gebäuden, nimmt mit Vorliebe Aas, Abfall

Links: Samsonfuchs am 28. Juli 2009 (Reifling, Judenburg/Steiermark). Rechts: Der am 26. Oktober 2009 von einem Hund abgefangene Samsonfuchs-Rüde.

und auch Kuhdung auf) vom „normalhaarigen" Rotfuchs. Durch das Fehlen des Deckhaares erscheinen Samsonfüchse hochläufiger. Samsonfüchse haben ein langsameres Wachstum, eine höhere Sterblichkeit und eine geringere Fitness als normale Rotfüchse.

Es ist nicht geklärt, wo und wann der „Samson-Faktor" aufgetreten ist, ob er von Farmfüchsen herrührt oder schon länger in der Fuchspopulation vorhanden war.

Zu unterscheiden vom Samsonfuchs ist Räude, die aber mit typischen Hautverdickungen und starkem Juckreiz einhergeht und auch Hypotrichosis, die recht häufig bei Eisfüchsen in Island auftritt.

Der anschauliche und zumindest für Mitteleuropa einzigartige aktuelle Bildbericht stammt von Samsonfüchsen mit einem Wurf aus dem Bezirk Judenburg/Steiermark. Im

Bereich eines Wirtschaftsgebäudes und einen Kilometer entfernt im Stall eines Bauernhofes konnten immer wieder eigenartige Stimmen vernommen und auch Sichtungen sowie Fotos von den „hochläufigen Füchsen“ gemacht werden. Beobachtet wurden insgesamt zwei erwachsene Samsonfüchse mit zwei Welpen. Nach mehreren Telefonaten und Beurteilung von Fotomaterial sowie nach dem Abbeißen eines Samsonfuchses durch einen Hund konnte die Verdachtsdiagnose „Samsonfuchs“ erhärtet werden.

## Fuchs mit Penisvorfall

*Im November 2016 wurde bei einer Gesellschaftsjagd ein Fuchsrüde erlegt, der vor dem Schuss keinerlei auffälliges Verhalten zeigte. Am erlegten Tier war jedoch der komplette Penis sichtbar.*

In einer kurzen Literaturrecherche konnte ich keinen ähnlichen Fall eines Penisvorfalles (Vorfall des Feuchtgliedes) bei einem Fuchs erheben – es handelt sich also jedenfalls um ein

Fuchsrüde mit komplettem Penisvorfall. (Foto: © J. Humm)

seltenes Ereignis. Bei Nerzrüden mit starkem Geschlechtstrieb konnte ein Penisvorfall öfters beobachtet werden, nachdem diese Rüden den Penis an den Hoden bzw. am Unterbauch gerieben haben (FREI et. al., 2013). Bei Hunden, Meerschweinchen, Pferden und anderen Haustieren kommen Penisvorfälle immer wieder vor.

Ursachen für einen solchen Penisvorfall kann eine Paraphimose sein, also ein Einengen des erigierten Penis durch eine Vorhautverengung. Durch den anatomischen Aufbau des Penis bei den Hundeartigen mit massiven Schwellkörpern an der Peniswurzel („Penisknoten") tritt diese Erkrankung zumindest bei Haushunden nach sexueller Erregung immer wieder auf. Durch die manschettenartige Umschnürung der Peniswurzel funktioniert zwar noch der Zustrom von Blut in den dickwandigeren Arterien in Richtung Penis, der Abfluss über die dünnwandigeren Venen findet aber deutlich weniger statt, was zu weiterer Schwellung des Penis führt. Beim Hund ist ein Penisvorfall häufig ein medizinischer Notfall.

Möglicherweise wurde der Rüde im Zuge der Drückjagd auch zufällig gestört, als er noch an einer Fähe hing und konnte wegen des geschwollenen Schwellkörpers den Penis nicht mehr retrahieren. Möglich, aber wenig wahrscheinlich wäre noch eine tumoröse Entartung des Penis oder der akzessorischen Geschlechtsdrüsen, was nur durch eine histologische Untersuchung feststellbar wäre. Da der Fall aber bei Beurteilung der Fotos sehr „frisch" aussieht, weil keine Entzündungen oder Nekrosen vorliegen, kann von einem akuten Penisvorfall ausgegangen werden.

## Rote Lymphknoten beim Reh

*In letzter Zeit gab es mehrere Fragen zu „dunklen Knöpfchen", die beim Aufbrechen von Rehen gefunden werden. Es handelt sich dabei um sogenannte „Blutlymphknoten", die beim Reh recht auffällig sein können, aber nichts Krankhaftes sind.*

In den Lymphknoten werden so wie im Thymus (Bries) und in der Milz Abwehrzellen und ein Teil der weißen Blutkörperchen gebildet. Lymphknoten finden sich im ganzen Körper, sie sind meist weißgrau bis bräunlich. Bei Wiederkäuern finden sich zudem noch rote Lymphknoten, besonders entlang der Hauptschlagader (Aorta) unter dem Brust- und Bauchfell im Bereich der Wirbelsäule. **Diese dunkelroten bis fast schwarzen Lymphknoten** sind bei Wiederkäuern die sogenannten „Blutlymphknoten".

Weitere beobachtbare Lymphknotenveränderungen sind z. B. vergrößerte Lymphknoten, Lymphknoten mit Abszessen (auch bei Tuberkulose!), Lymphknoten mit „marmorierter" Schnittfläche (auch bei Schweinepest!).

Vergrößerte Lymphknoten sind Zeichen akuter und chronischer Infektionskrankheiten oder eines Parasitenbefalles. Bei Jungtieren sind die Lymphknoten während des Aufbaues des Immunsystems allgemein größer als bei älteren Tieren. Generell am ganzen Körper vergrößerte Lymphknoten treten bei der recht seltenen Leukose auf.

Abszesse in Lymphknoten sind ein Hinweis auf eine bakterielle Infektion. Lymphknoten sind im Verlaufe von Infektionen bzw. Entzündungen in ihrem Einzugsgebiet

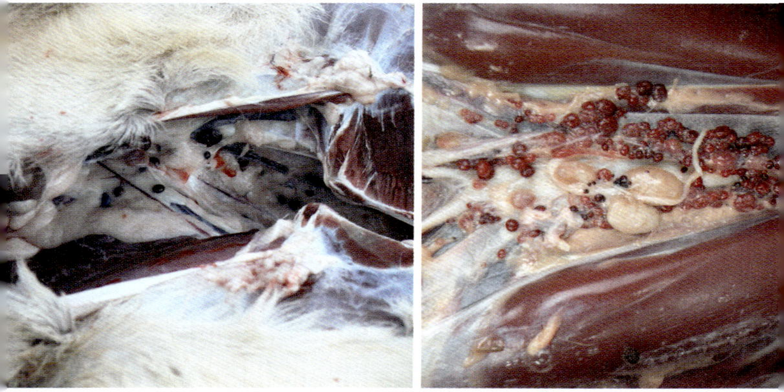

Sogenannte „Blutlymphknoten" in der Bauchhöhle von Rehen. Im unteren Bereich bohnengroße, weißgraue Lymphknoten, darüber „Blutlymphknoten".

vergrößert. So reagieren die Unterkieferlymphknoten z. B. bei Infektionen im Bereich des Kopfes. Bei Abszessen in Lymphknoten ist immer an chronische Infektionskrankheiten wie Tuberkulose, Brucellose oder Streptokokkeninfektionen zu denken. Solche Lymphknoten sind deshalb ein bedenkliches Merkmal. Falls das Stück verwertet werden sollte, sind Organe und Wildkörper durch einen amtlichen Tierarzt zu untersuchen oder das erlegte Stück ist unschädlich zu entsorgen.

Beim Schwarzwild ist bei blutigen oder „marmorierten" Lymphknoten unbedingt an Schweinepest zu denken!

## Leberzirrhose bei einem Hirsch

*Leberzirrhose kommt nicht nur beim Menschen, sondern – zwar deutlich seltener – auch bei Tieren vor. In den letzten Jahren konnte ich Einzelfälle bei Rot-, Gams- und Rehwild diagnostizieren.*

Eine Leberzirrhose ist eine chronische, über Jahre fortschreitende Erkrankung der Leber, bei der sich das Bindegewebe in der Leber vermehrt und das eigentliche Organ durch Verhärtung und Schrumpfung allmählich zerstört wird. Die Zirrhose wird letztlich durch das Absterben von Leberzellen (Nekrose) verursacht, und das Endstadium ist irreversibel. Im Verlaufe der Krankheit nimmt das Bindegewebe deutlich zu, die Leberoberfläche wird höckerig, die Leberränder unregelmäßig und das Organ verkleinert sich.

Sind beim Menschen hauptsächlich Alkoholmissbrauch, nicht-alkoholische Fettleber und Virusinfektionen der Leber Auslöser dieser tödlich endenden Krankheit, wird Leberzirrhose bei Tieren überwiegend durch Giftstoffe, Speicherung von Kupfer, Vitamin E-/Selenmangel oder chronische Leberentzündungen (z. B. durch massiven Leberegelbefall) verursacht. An Giftstoffen kommen sowohl Pflanzengifte von Senecio- (Greiskräuter), Crotalaria- und Heliotropium-Arten (Sonnenwenden) als auch Pilzgifte (Aspergillus- und Penicillium-Arten) in Frage. Pilzgifte sind häufig in verdorbenen Futtermitteln nachweisbar. Bei verdorbenen Futtermitteln muss Schimmelbefall nicht immer mit freiem Auge sichtbar sein.

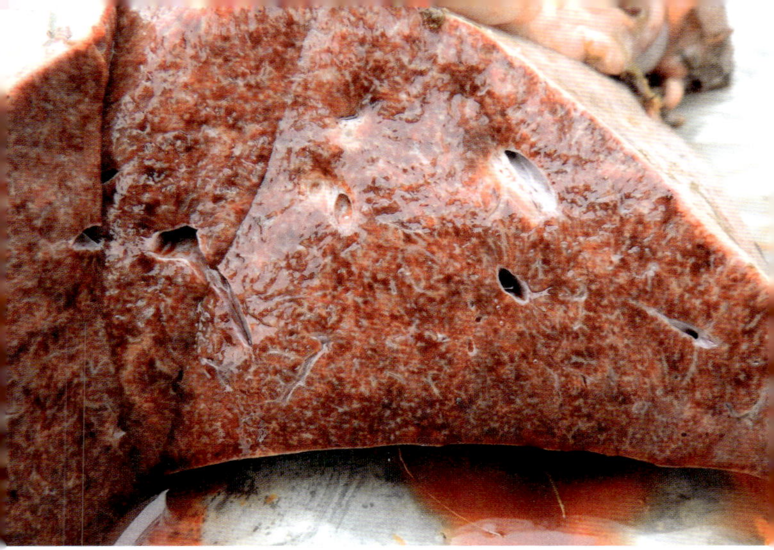

Leberzirrhose bei einem Hirsch der Klasse I, hochgradig abgemagert (ca. 75 kg!), Fangschuss. Deutlich zu erkennen ist die Zunahme des grauweißen „netzartigen" Bindegewebes zwischen den Leberläppchen.

Infolge der Zirrhose kommt es zu Stoffwechselstörungen, Leistungsminderung, Abmagerung und einer Störung des Blutflusses in der Leber sowie Milzvergrößerung. Infolge des Blutstaues in der Leber tritt meist auch Bauchhöhlenwassersucht auf.

Verwechselbar ist die Leberzirrhose eventuell mit feistzeit- und brunftbedingten Fettlebern bei Hirschen und Gamsböcken (siehe S. 74), wobei sich diese Fettlebern beim Durchtasten nicht derb-hart anfühlen und die Leberoberfläche nicht höckerig ist.

Bei der Organuntersuchung durch Jäger und kundige Personen gilt eine Leber mit Zirrhose als bedenkliches Merkmal, welches eine weitere tierärztliche Untersuchung erfordert, falls das Stück direkt vermarktet oder an den Wildhandel abgeliefert werden soll.

## Milzveränderungen

*Die Milz ist bei Wiederkäuern mit dem Pansen/Weidsack verwachsen. Sie ist nicht nur ein Blutspeicherorgan, sondern in ihr werden auch bestimmte weiße Blutkörperchen (Lymphozyten) gebildet. Damit spielt sie eine Rolle im körpereigenen Abwehrsystem. Zusätzlich werden in der Milz gealterte rote Blutkörperchen ausgesondert.*

**Auffälligkeiten** an der Milz sind Milzabszesse, Milzschwellungen, Milztumoren, Infarkte, Milzrisse oder auch eine zu kleine Milz. Milzvergrößerung und -schwellung sind bei Entzündungen im Bauchraum, bei bakteriellen Allgemeininfektionen oder bei tumorösen Vermehrungen weißer Blutkörperchen (Leukose) sowie in Form der „Schockmilz" als Symptom des Verendens an einem Schocktod zu beobachten.

Schockorgane (Leber, Milz, Blutgefäße im Darmtrakt) entstehen durch das „Absacken" von viel Blut in Organe der Bauchhöhle, worauf die Sauerstoffunterversorgung des Gehirnes dann oft zur Bewusstlosigkeit führt. Es ist davon auszugehen, dass es beim Verenden nach einem Schuss immer wieder auch zu solchen Schockorganen kommt, die jedoch bei der Untersuchung der Organe von krankhaften Veränderungen zu unterscheiden sind. Im Falle eines Schocktodes ist nicht nur die Milz geschwollen. Zugleich ist auch die Leber geschwollen und stumpfrandig, die Gefäße im Darmtrakt sind stark gefüllt.

Zu hochgradiger Milzschwellung führen Infektionskrankheiten beim Feldhasen, die zugleich auf den Menschen übertragbar sind, und zwar Tularämie, Brucellose, Pasteurellose

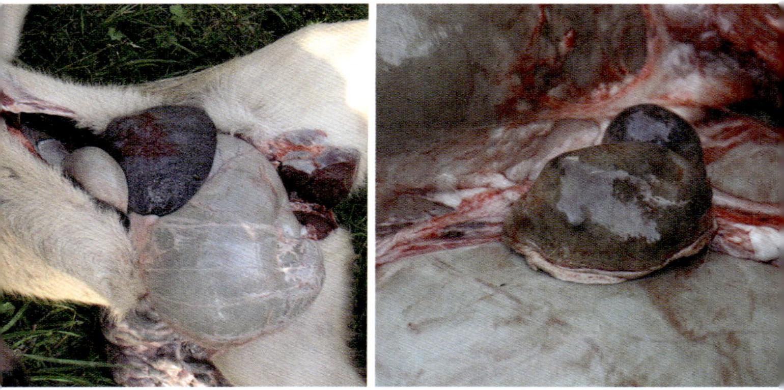

Links: Vergrößerte gestaute Milz als Schockorgan. Rechts: Kleine, blasse und blutarme Milz bei einem stark verwurmten Reh mit Blutverlust.

und Pseudotuberkulose. Beim Wildschwein können im Zuge von Schweinepest an der Milz Randinfarkte infolge von Blutgefäßverschlüssen, sichtbar als dunklere flache Knoten, entstehen.

Eine zu kleine Milz ist immer wieder bei Rehen mit hochgradigem **Endoparasitenbefall**, wie mit dem roten oder gedrehten Magenwurm (*Haemonchus contortus*), zu beobachten. In diesen Fällen ist die Milz als Blutspeicherorgan vollkommen entspeichert und daher deutlich verkleinert und blasser, da diese Parasiten große Blutmengen aus der Labmagenschleimhaut saugen.

Veränderungen an der Milz sind als auffälliges Merkmal zu werten und daher vor dem In-Verkehr-Bringen von Wildbret durch einen Tierarzt abzuklären.

## Knochenerkrankung infolge Lungenabszess

*Dieser interessante Fallbericht ergab sich nach der Sektion eines Rehbocks mit auffällig verdickten Läufen. Der Bock, wurde verendet aufgefunden. Die Sektion ergab einen doppelt faustgroßen Abszess in der rechten Lunge, welcher verantwortlich für die Knochenwucherungen an den Läufen war.*

Die Hypertrophe pulmonale Osteopathie kann bei allen Säugetieren und auch beim Menschen (Marie-Bamberger-Syndrom) auftreten, am häufigsten ist sie bei Rehen und Hunden. Auslöser dieser auffallenden Knochenwucherungen sind meist raumgreifende Prozesse in Brust- oder

Rehbock mit knöchernen Verdickungen an allen vier Läufen.

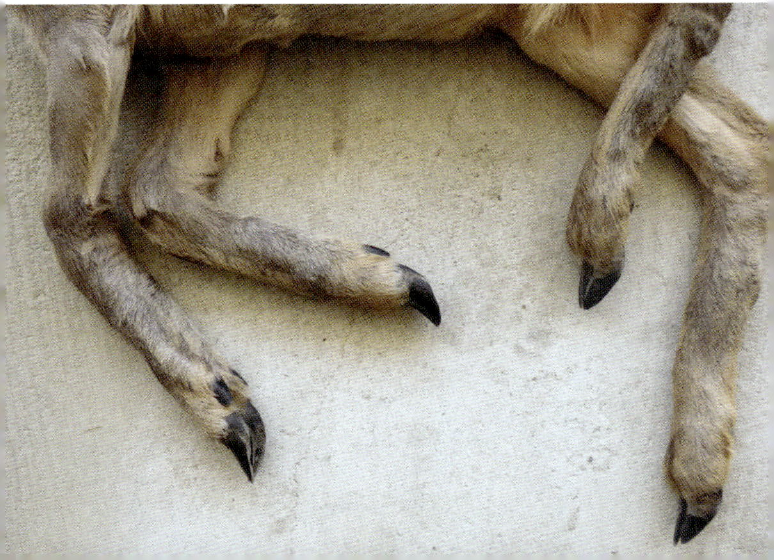

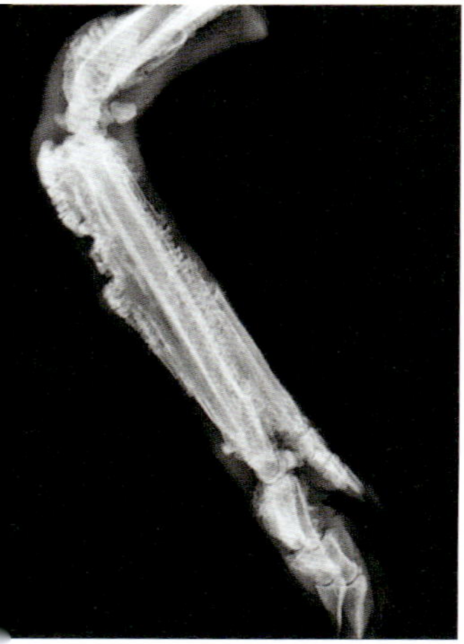
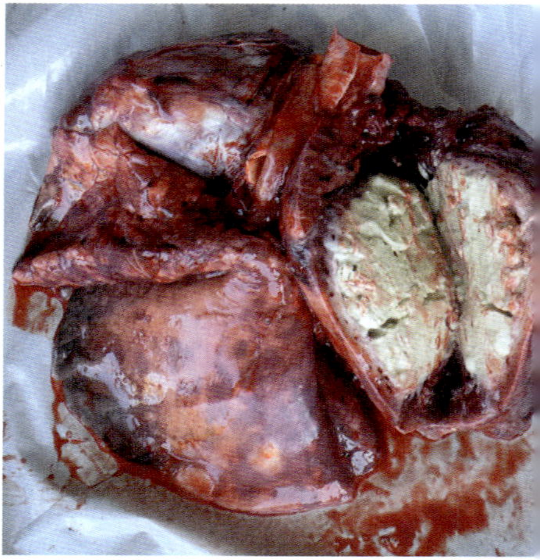

Links: Röntgenaufnahme des stark verdickten Laufes mit Knochenauflagerungen. (Foto: © M. Kraft) Rechts: Überfaustgroßes Abszess im entzündeten Lungenbereich als Ursache.

Bauchhöhle, Nieren oder Harnblase, wie Tumoren oder Abszesse. Die genauen Zusammenhänge sind bis heute nicht eindeutig geklärt. Als Auslöser diskutiert werden neurale (nervliche), humorale (Körperabwehr) oder hormonell bedingte Ursachen, die zu einer stark erhöhten Durchblutung der Gliedmaßen führt, wobei auch lediglich strömungstechnische Effekte durch die Druckveränderungen im Brustraum auslösend sein könnte. Die Erkrankung beginnt an den Gliedmaßenenden und zeigt sich als teigige Schwellung und Knochenauflagerung. Die Wucherungen sind das Ergebnis eines stark erhöhten Stoffwechsels infolge deutlich gesteigerter Durchblutung.

In gegenständlichem Fall litt der Rehbock primär an einem fast faustgroßen Lungenabszess, ausgelöst durch eine Pilzinfektion (Aspergillus). Aufgrund der veränderten Blutströmungsverhältnisse im Brustraum ist zusätzlich meist eine Hypertrophie (= Masse- und Umfangsvermehrung) des Herzmuskels zu diagnostizieren.

Pilzsporen und andere Keime, die auch Abszesse in der Lunge auslösen können, werden beispielsweise leicht bei der Verfütterung von staubigem, verpilztem Getreide bzw. Getreideschrot eingeatmet, besonders dann, wenn ein Wildtier während der Futteraufnahme in den Trog hustet oder niest und dabei Staub aufwirbelt und diesen beim nächsten Atemzug einatmet.

## Blutungen in der Lunge

*Blutungen in der Lunge sind im Zuge des Aufbrechens oft recht auffällig, da sie sich durch die helle Grundfarbe der Lunge deutlich abheben. Die meisten dieser Veränderungen sind schussbedingt.*

### Punktförmige Blutungen

Ursachen von an der Lungenoberfläche sichtbaren punktförmigen Blutungen (Petechien) oder Blutungen in anderen Organen können Blutgerinnungsstörungen, Infektionskrankheiten, Blutgefäßentzündungen, Vergiftungen oder abnorme Kapillardurchlässigkeit sein. Im Falle von mit Kugelschuss erlegtem Wild kommt als jedenfalls häufigste Ursache der hohe Druck, der durch den Schuss im Blutgefäßsystem entsteht, dazu. Diese meist ca. stecknadelkopfgroßen punktförmigen Blutungen verschwinden oder vergrößern sich auf Druck mit dem Finger nicht.

Schussbedingte petechiale Blutungen.

## Streifenförmige Blutungen

Auffällige streifenförmige Blutungen in der Lunge, die bei erlegtem Wild immer wieder zu beobachten sind, entstehen ebenfalls schussbedingt. Durch den enormen Druck in der Brusthöhle und im Gefäßsystem kommt es zu einer „Blähung" der Lunge und Andrücken der Lunge gegen die Federn (Rippen), was die zu beobachtenden blutigen, streifenförmigen Striemen („Grillroststreifen") verursacht. Im Zwischenrippenraum kann sich die Lunge besser ausdehnen, womit es dann in diesem Bereich auch nicht zu Hämatomen kommt.

Wildbrethygienisch sind punktförmige oder streifenförmige Blutungen vollkommen unbedenklich.

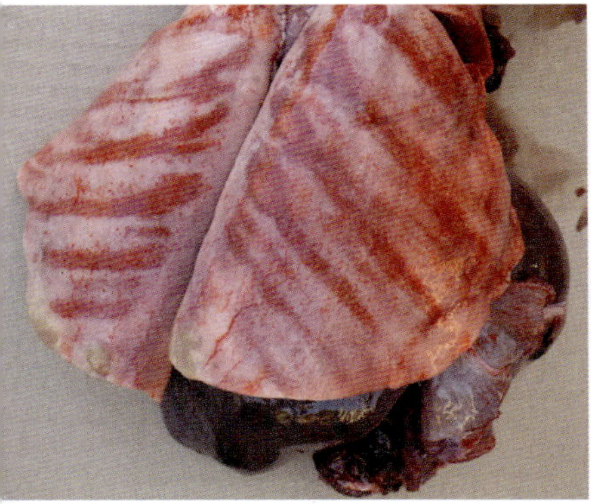

„Grillroststreifenlunge“ einer Schmalgeiß und eines Überläufers.
(Foto rechts: © Uwe Kleinert)

Bei punktförmigen Blutungen ist beim Schwarzwild jedoch neben schussbedingten Blutungen auch unbedingt an Afrikanische Schweinepest zu denken, besonders, wenn diese Blutungen auch an anderen Organen, wie am Kehldeckel, an den Nieren oder in der Harnblasenschleimhaut auftreten!

## Fettleber bei Brunfthirsch und Gamsbock

*Immer wieder gibt es Fragen zu Ursachen und Bedeutung einer vergrößerten, deutlich helleren und oft gelblichen Leber von brunftaktiven Rot- und Damhirschen oder Gamsböcken.*

Die Leber ist das zentrale Stoffwechselorgan, das auch große Mengen an Glykogen (= tierische Stärke) und Fett speichern kann, die dann rasch mobilisierbar sind.

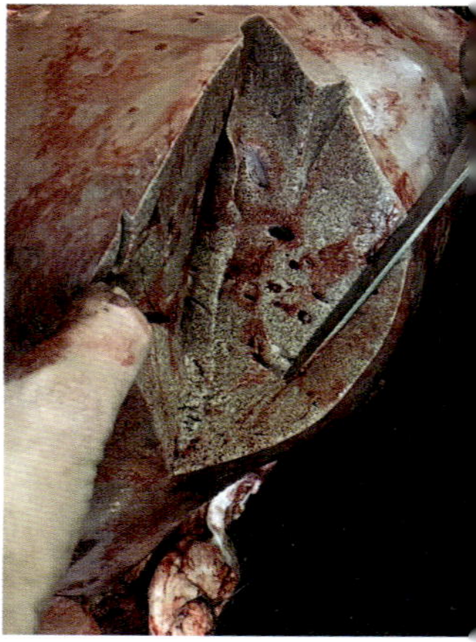

Links die Brunftleber eines Gamsbockes (Foto: © G. Greßmann), rechts die eines Hirsches (Foto: © H. Schatz) – beides typische Fettlebern von brunftaktiven männlichen Stücken.

Bis zu 60 % des normalen Lebergewichts kann zwischenzeitig – wie bei in der Brunft hungernden Rot- und Damhirschen oder Gamsböcken – aus Feistdepots abgebautes und in der Leber gespeichertes Fett sein, was das klinische Bild einer Fettleber (Steatose) ergibt.

Hirsche sowie Gams- und Steinböcke bauen in der Feistzeit enorme Fettreserven auf, die beim Rothirsch 20 bis 30 kg und mehr betragen können. In der Brunft wird von brunftaktiven männlichen Stücken nur sehr wenige Äsung aufgenommen, durch die Brunftaktivität und den innerartlichen Stress aber sehr viel Energie benötigt. Auch der hohe Gehalt an Stresshormonen bei brunftaktiven männlichen Stücken steigert den Abbau von Energiereserven. Diese Energie wird durch den Abbau von „Reservefett" über den Leberstoffwechsel bereitgestellt. Dabei kommt es zu einer oft schon mit dem freien Auge sichtbaren Speicherung von mobilisiertem Fett und damit zu einer Leberverfettung (Steatose). Die Leber ist dann deutlich heller, größer und stumpfrandig. Bei Damhirschen wurde festgestellt, dass sich der Fettgehalt der Leber (außerhalb der Brunft ca. 1,4–2,3 %) in der Brunft mit 12–34 % mehr als verzehnfacht.

Normalerweise wird diese relativ kurzfristige Fettleber von Hirschen und Gamsböcken symptomlos überstanden. Hin und wieder ist sie aber mit Leberfunktionsstörungen und Leberzellschäden verbunden, die zu Ende der Brunft das Allgemeinbefinden deutlich beeinflussen können. Möglicherweise kommen – wie bei Rindern mit Fettlebersyndrom – in solchen Perioden auch zentralnervale Störungen vor.

Wildbrethygienisch ist eine brunftbedingte Fettleber für die Beurteilung des Wildbrets kein bedenkliches Merkmal, sofern sonst keine Auffälligkeiten vorhanden sind. Und die Leber von brunftaktiven männlichen Stücken wird ohnedies nicht verzehrt, sie wäre aber bei deutlich abweichender Farbe und Konsistenz untauglich für den menschlichen Verzehr.

# 2. ZOONOSEN – ÜBERTRAGBARE KRANKHEITEN

## RISIKO „FUCHSBANDWURM“?

*Einem großen „Fuchsbandwurm-Risiko“ sind Jäger im direkten Umgang mit Füchsen ausgesetzt. Wenn man aber bedenkt, dass diese Bandwurmart auch bei Hunden und Katzen vorkommen kann, so ergibt sich eine deutlich größere Risikogruppe.*

Beruhigend ist, dass der Mensch kein sehr guter Zwischenwirt für Finnen der Bandwurmart *Echinococcus multilocularis* zu sein scheint, vermutlich gehen viele stattgefundene Infektionen gar nicht an. Eine Echinokokkose zählt dennoch zu den gefürchtetsten Parasitosen des Menschen. Bandwurmfinnen (Entwicklungsstadien der Bandwürmer) entwickeln sich als flüssigkeitsgefüllte Blasen meist in der Leber. Ihre besondere Gefährlichkeit liegt vor allem darin, dass sie meist viele Monate oder Jahre klinisch unauffällig verlaufen, die Diagnose – wenn überhaupt – erst in einem sehr weit fortgeschrittenen Stadium erfolgt und eine kurative Therapie oft nur mehr schwer möglich ist. Die Echinokokkosen des Menschen werden im Wesentlichen durch die zwei Spezies *Echinococcus multilocularis* („Fuchsbandwurm“) und *Echinococcus granulosus* („Hundebandwurm“) hervorgerufen, wobei der sog. „Fuchsbandwurm“, wie oben angeführt, auch bei Hund und Katze vorkommen kann.

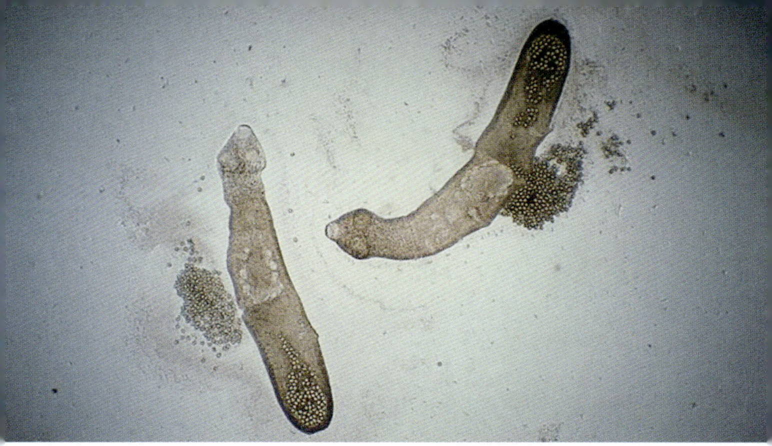

Zwei Fuchsbandwürmer (Länge ca. 4 mm) mit Eipaketen.

### Fuchsbandwurm bei anderen Tieren

Eine sehr breit angelegte Untersuchung von End- und Zwischenwirten von *E. multilocularis* führten ZEYHLE et al. (1990) in Deutschland durch. Dabei wurden über 10.000 freilebende Fleischfresser untersucht und Fuchsbandwürmer nur bei Füchsen, Hunden und Hauskatzen gefunden. 857 untersuchte Haus- und Steinmarder, 231 Dachse, 36 Iltisse, 12 Wiesel und 11 Waschbären waren negativ. Das bedeutet jedoch nicht generell, dass nicht einzelne Exemplare der aufgezählten Spezies doch Fuchsbandwürmer im Darm tragen könnten. Bei solchen „Fehlwirten" käme es jedoch nur zu einer geringen Eiausscheidung. Auch Katzen scheiden deutlich weniger Bandwurmeier aus als Füchse oder Hunde, dürfen jedoch durch den engen Kontakt mit Menschen als Ansteckungsquelle nicht vernachlässigt werden. Zu beachten sind die zunehmende Bedeutung von Marderhunden als Endwirt und dem Bisam als Zwischenwirt. In Niedersachsen waren 4–8 % der untersuchten Bisamratten Finnenträger.

## Wer ist gefährdet?

Der Hauptwirt des sogenannten „Fuchsbandwurmes" (*E. multilocularis*) ist der Fuchs, der in großen Mengen Eier mit dem Kot ausscheidet. Der Mensch kann sich infizieren, wobei Jäger (Schmierinfektion beim Umgang mit erlegten Füchsen), Land- und Forstarbeiter (Einatmen und Schlucken aufgewirbelter Eier) zu den größten Risikogruppen gehören.

Aber auch für Hunde- und Katzenbesitzer ist das Fuchsbandwurm-Risiko hoch! Es können 0,5–1,8 % der Katzen (im südwestdeutschen Raum sogar bis zu 45 %!) und 1–6 % der Hunde eiproduzierende Stadien des „Fuchsbandwurms" ausscheiden.

Sowohl Hunde als auch Katzen infizieren sich durch das Fressen von finnentragenden Mäusen. Sie sind für die Aufrechterhaltung des Zyklus von geringerer Bedeutung, können aber eine wesentliche Rolle bei der Übertragung auf den Menschen spielen. Aufgrund der Oberflächenstrukturen der Bandwurmeier haften diese gut im Haarkleid, an den Pfoten oder rund um den Fang von Endwirten. Die Eier sind sehr widerstandsfähig und bleiben im Sommer rund drei Monate und in der kühleren Jahreszeit bis zu acht Monate infektiös.

Das Risiko in der Umgebung von Fuchs- und Dachsbauten sowie in Hausgärten ist bei Wahrung vernünftiger Hygienemaßnahmen vernachlässigbar. Ein höheres Risiko könnte sich für Kleinkinder ergeben, die in Sandhäufen spielen, wo sich vorher Füchse, Hunde oder Katzen gelöst haben. Eine Hysterisierung dieses Themas ist aber nicht angebracht.

## Symptome

Die Inkubationszeit der Alveolären Echinokokkose beim Menschen beträgt rund 5–15 Jahre, wobei die Finnen auch spontan absterben können. Da die Infektion in den anderen Fällen progressiv verläuft, ist sie immer als lebensgefährlich anzusehen, wobei die Prognose vom Ausmaß der Gewebsinfiltration und Metastasierung abhängt. Als erstes Symptom treten Beschwerden im rechten Oberbauch auf. In mehr als 95 % der Fälle kommt es zu einer starken Lebervergrößerung. Die Diagnose beim Menschen ist mittels bildgebender Verfahren (z. B. Ultraschall) und Blutuntersuchungen möglich.

## Empfohlene Vorbeugungsmaßnahmen

Beim Hantieren mit Füchsen unbedingt Schutzhandschuhe tragen! Beim Abbalgen kann eine starke Staubentwicklung aus dem Balg durch Anfeuchten des Balges vermindert werden. Auf alle Fälle sind so genannte Schmierinfektionen zu verhindern, die z. B. beim Rauchen während des Abbalgens passieren könnten. Fallobst, in Bodennähe wachsende Beeren und Früchte sowie Salat sollten in Gegenden, in denen der „Fuchsbandwurm“ verbreitet ist, vor dem Verzehr gründlich gewaschen werden. Weiters: Händewaschen nach Garten-, Feld- und Waldarbeiten; regelmäßiges Entwurmen von Hunden und Katzen in Endemiegebieten mit einem Präparat, das wirksam gegen Bandwurmbefall ist.

## Klimawandel vermehrt Krankheitsrisiken

*Weltweit erkranken jährlich hunderte Millionen Menschen an von Zecken und Stechmücken übertragenen Infektionskrankheiten. Bis zu 3 Millionen Menschen sterben jährlich daran (ASPÖCK, 2010). Die Verbreitung von Zecken und Stechmücken wird vom Klimawandel beeinflusst.*

Zecken sind neben Stechmücken in Mitteleuropa die bedeutendsten Überträger (Vektoren) viraler, bakterieller und parasitärer Infektionskrankheiten auf Menschen und Tiere. Weit verbreitet sind Borreliose, Frühsommer-Meningoenzephalitis (FSME), Babesiose oder auch Tularämie. Der Klimawandel hat Einfluss auf die Ökologie und somit auf die Verbreitung dieser Vektoren. Zusätzlich ist mit dem Auftreten von bislang in Mitteleuropa nicht vorkommenden Zecken- und Mückenarten zu rechnen. Neben dem allseits bekannten Gemeinen Holzbock (*Ixodes ricinus*) vergrößern sich derzeit die Verbreitungsgebiete der Auwald- und Hyalomna-Zecken. Die Verbreitung der weltweit rund 850 Zeckenarten ist vor allem von Witterungsfaktoren wie der Temperatur und Luftfeuchtigkeit abhängig. Bei Temperaturen von unter 6–7 °C ziehen sich Zecken in die Laubstreu zurück und verweilen dort inaktiv. In extrem milden Wintern kann die Winterruhe vollkommen ausfallen. Es werden in manchen Gebieten (v. a. mit spärlicher Vegetation und Bodenstreu) eher heiße, trockene Sommer sein, die dem Auftreten gewisse Grenzen setzen und nicht mehr kalte Winter. Heimische Zecken werden rund 5 Jahre alt.

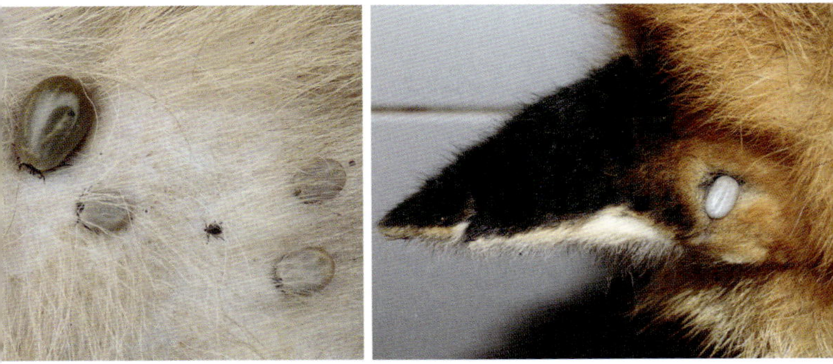

Links: Starker Zeckenbefall an einer Gämse. Rechts: In milden Wintern können Zecken durchgehend Tiere und Menschen besiedeln – Beispiel: Zecke am Ohr eines Fuchses, 7. Jänner 2015, St. Lambrecht/Steiermark, Seehöhe ca. 1.050 m.

## Zecken breiten sich in den Alpen aus

Zecken als Krankheitsüberträger werden in Zukunft an Bedeutung gewinnen. Bei steigenden Temperaturen ist eine schnellere Entwicklung von Zecken möglich, weiteres verschiebt sich die regionale Verbreitung von Zeckenarten. Besonders auffällig ist deren Ausbreitung in höheren Lagen. Noch vor wenigen Jahrzehnten traten von Zecken übertragene Krankheiten in der Steiermark nur bis zu einer Seehöhe von rund 1000 m auf. Mittlerweile ist ein klimawandelbedingtes Vordringen von Zecken bis in Seehöhen zwischen 1.500 und 1.700 m zu beobachten.

So wurde eine Babesiose bei einem Rind auf ca. 1.700 m festgestellt. Babesien sind einzellige Blutparasiten, die nach Befall der Blutkörperchen zu deren Zerfall führen. Die Tiere haben Fieber, zeigen Blutarmut und Schwäche und verenden

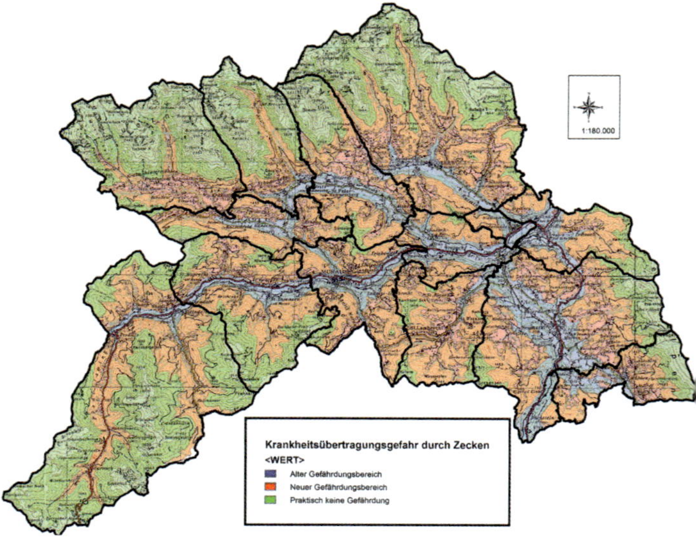


Bezirk Murau: ehemals zeckengefährdete Gebiete unter 1.000 m Seehöhe (blau), klimawandelbedingt neu gefährdete Gebiete zwischen 1.000 und 1.500 m (rot) und dzt. noch wenig gefährdete Gebiete über 1.500 m Seehöhe (grün).

in schweren Fällen innerhalb weniger Tage. In der Schweiz konnten in über 10 % von insgesamt 984 untersuchten Blutproben von Reh-, Rot-, Gams- und Steinwild verschiedene Babesien-Arten nachgewiesen werden. Mit dem Ansteigen der Temperaturen und damit der Zecken ist zukünftig mit häufigeren Nachweisen bei Gams- und Steinwild zu rechnen, wie auch bei einem Fall eines Gamsbockes in Judenburg/Steiermark in einer Seehöhe von 1.500 m.

Vom Klimawandel profitieren international gesehen die ehemals afrikanische Lederzecke (*Hyaloma marginatum*), die mittlerweile schon in Südeuropa als Überträger von Krim-Kongo-Fieber auftritt, sowie die Winterzecke (*Dermacentor albipictus*) auf Elchen in Nordamerika, die massive Fallwildraten verursacht.

Leopold Stocker Verlag GmbH, Hofgasse 5, 8010 Graz, Österreich
Tel.: +43/316/82 16 36, Fax: +43/316/83 56 12, E-Mail: stocker-verlag@stocker-verlag.com

Name ______

Straße ______

PLZ ______ Ort ______

Telefon ______

E-Mail ______

☐ (Pflichtfeld) Ich bestätige, dass ich das 16. Lebensjahr vollendet habe und erteile meine ausdrückliche Zustimmung, dass die von mir oben angegeben Daten durch die Leopold Stocker Verlag GmbH zum Zweck der Vertragserfüllung und Leistungserbringung verarbeitet und an Auftragsverarbeiter weitergegeben werden, UND dass

☐ die angegeben Daten durch die Leopold Stocker Verlag GmbH zum Zweck des Newsletterversands verarbeitet, an Auftragsverarbeiter weitergegeben werden und ich werbliche Informationen und Angebote via Post, E-Mail, Telefon erhalte.

Ich kann meine Zustimmung jederzeit widerrufen. Dafür wende ich mich an die Leopold Stocker Verlag GmbH (Hofgasse 5, A-8010 Graz; Tel: 0043316/821636; E-Mail: datenschutz@stocker-verlag.com). Alle Infos: www.stocker-verlag.com/datenschutz.

Datum ______ Unterschrift ______

Bitte frankieren!

**ANTWORTSENDUNG**

**Leopold Stocker Verlag**

Postfach 438
Hofgasse 5
8011 Graz

## Neu auftretende Krankheitserreger

Es erscheint vordringlich, sich mit neu in Mitteleuropa auftretenden Krankheiten/Erregern auseinanderzusetzen. Beispiele sind Leishmanien, West-Nil-Virus, Usutu-Virus oder Krim-Kongo-Fieber. Leishmanien sind einzellige Parasiten, die sich in Blutzellen vermehren und zu Erkrankungen beim Menschen, bei Hunden und Schafen führen. Jährlich erkranken weltweit geschätzte 1,5 Mio. Menschen an der Hautform dieser Krankheit und rund 500.000 an der inneren Form, mindestens 60.000 sterben daran. Das Vorkommen der Leishmaniosen ist an das Vorkommen von Sandmücken gebunden, welche den Erreger bei der Blutmahlzeit aufnehmen und bei der nächsten Blutmahlzeit übertragen. Sandmücken haben ihr Verbreitungsgebiet von Süd- nach Mitteleuropa ausgedehnt, wo sie auch bereits überwintern.

Links: Sandmücken (Phlebotumus-Arten) als Überträger von Krankheitserregern wandern zu und breiten sich aus. (Foto links: © Bayer Tiergesundheit) Rechts: Hautform der Leishmaniose, verursacht durch einzellige Parasiten, die auch auf den Menschen übertragbar sind.

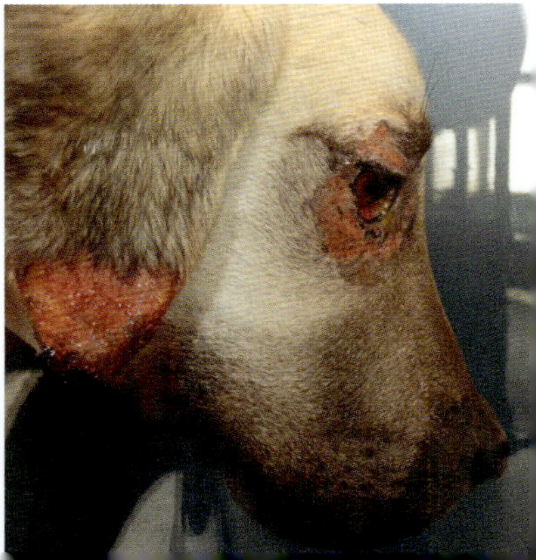

## Handschuhe schützen auch vor Hepatitis E!

*Hepatitis-E-Infektionen beim Menschen verlaufen meist ohne klinische Erscheinungen. Mit Spätfolgen, sogar Leberkarzinomen, ist nach Leberentzündungen jedoch zu rechnen. Jäger, die beim Aufbrechen von Schwarzwild Handschuhe verwenden, haben ein um 88 % geringeres Risiko, sich mit Hepatitis E zu infizieren (Untersuchung des Friedrich-Löffler-Institutes, D).*

Mindestens 17 % der deutschen Bevölkerung haben nach serologischen Querschnittsuntersuchung eine Infektion mit dem Hepatitis-E-Virus durchgemacht, jährlich ist mit über 100.000 Infektionen zu rechnen. Hepatitis E wird in Deutschland meist durch unzureichend gegartes Schweinefleisch, selten durch Bluttransfusionen sowie Organspenden übertragen und nur in Einzelfällen als Tropenkrankheit importiert. Auch bei Untersuchungen in der Steiermark konnten bei Tierärzten, Landwirten mit Schweinebetrieben und Schlachthofarbeitern relativ häufig Antikörper gegen das Hepatitis E-Virus nachgewiesen werden.

Das Krankheitsbild ist dem der Hepatitis A ähnlich, wobei rund 99 % der Infektionen ohne Symptome verlaufen. In klinischen Fällen treten neben unspezifischen Symptomen wie Müdigkeit, Abgeschlagenheit, Kopfschmerzen, Appetitlosigkeit, Gewichtsverlust, Muskel- und Gelenksbeschwerden, Druckgefühl im Oberbauch sowie Fieber später typische Symptome einer Leberfunktionsstörung (Gelbsucht, Dunkelfärbung des Urins, Hellfärbung des Stuhls) auf. Besonders bei Immungeschwächten und Schwangeren werden schwere

Krankheitsverläufe mit akutem Leberversagen beobachtet, in chronischen Fällen Leberzirrhosen. Die Erkrankung tritt vorwiegend bei jungen Erwachsenen auf.

### Schweine als Virusreservoir

In Mitteleuropa sind Kontakte zu Haus- und Wildschweinen, (Wild-)Schweinfleisch, Rohprodukte sowie unzureichend gegarte Schweineleber die häufigsten Infektionsquellen. In der Fall-Kontroll-Studie hatten 53 % der mit Hepatitis E Infizierten entweder Innereien oder Wildschweinefleisch verzehrt.

### Vorbeugungsmaßnahmen

Vorbeugend wird empfohlen, beim Aufbrechen und Zerwirken von Schwarzwild sowie beim Zubereiten von Wildschweinefleisch und -organen auf Hygienemaßnahmen (Handschuhe, Händewaschen, Vermeiden von Schmierinfektionen (wie Rauchen mit verschmutzten Händen), Vermeiden von Kreuzkontaminationen in der Küche usw.) zu achten. Die Verwendung von Handschuhen schützt daneben auch vor möglichen Leptospirose- oder Brucellose-Infektionen vom Wildschwein auf den Menschen.

Zum Schutz vor einer lebensmittelbedingten Hepatitis-E-Infektion ist es ratsam, Fleisch und Organe (besonders Leber) von (Wild)Schweinen mit ausreichend hohen Temperaturen lange genug zu garen – es darf kein roter Fleischsaft mehr abrinnen. Riskant in diesem Zusammenhang ist die Grillsaison, da Gegrilltes oft nicht durchgegart ist. Geräucherte bzw. länger gelagerte/gereifte Rohprodukte bergen

Hepatitis E kann beim Aufbrechen von Schwarzwild übertragen werden – Handschuhe schützen!

nur ein geringes Restrisiko, bei Carpaccio vom Wildschwein oder frischen Rohwürsten ist aber von einem höheren Risiko auszugehen.

## Tularämie und Brucellose – Übertragungsrisiken beachten!

*Zwei für den Menschen hochgefährliche bakterielle Infektionskrankheiten sind die Tularämie und Brucellose, die sich in den letzten Jahren in Mitteleuropa stark ausbreiteten. Einfache Vorbeugungsmaßnahmen könnten viele Infektionen verhindern.*

### Tularämie – meist stark vergrößerte Milz

Die Tularämie (Erreger: *Francisella tularensis*) oder „Nagerpest" kommt in regional umschriebenen Gebieten bei Nagern, Hasen und dem Menschen vor. Sie zählt zu den gefürchtetsten Zoonosen, also zwischen Tieren und Menschen

Schwerkranker Feldhase, möglicherweise mit Tularämie – Vorsicht beim Umgang ist geboten!

übertragbaren Krankheiten. Erregerreservoire sind neben Feldhasen hauptsächlich Feldmäuse und möglicherweise Zecken. Der akute bis chronische Krankheitsverlauf beim Hasen ist gekennzeichnet von hochgradiger Milzschwellung und kleinknotigen Veränderungen der Lungen, manche Hasen zeigen auch Bewegungsstörungen oder fehlendes Fluchtverhalten.

**Tularämie breitet sich aus**

Wie in eigenen Untersuchungen nachgewiesen werden konnte, ist das Verbreitungsgebiet der Tularämie überwiegend von vier Witterungsfaktoren (Jahresniederschlagssumme, Sommerniederschlag, Wintertemperatur und Maitemperatur) abhängig. Klimawandelbedingt kam es in den letzten Jahren zu einer Ausbreitung der Tularämie von Ost- in Richtung Westösterreich. Kam sie vor der Jahrtausendwende haupt-

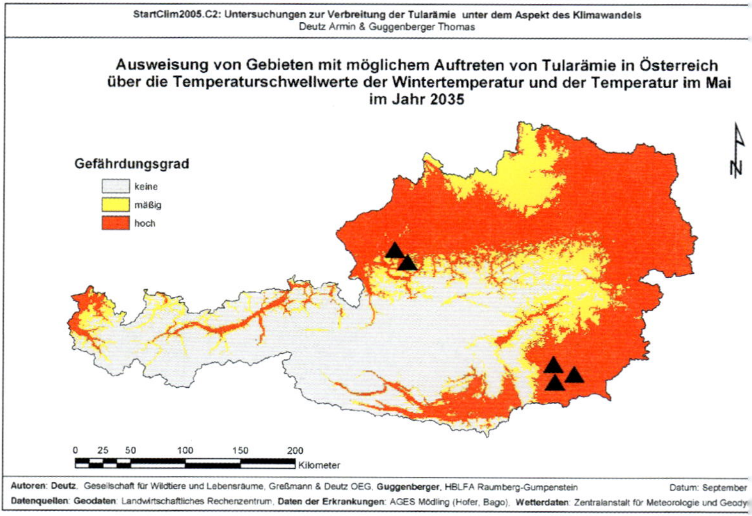


Mögliche Verbreitung der Tularämie im Jahr 2035, die Ausbreitung ist auch klimawandelbedingt; lange Zeit kam sie nur im Marchfeld, Burgenland und in der Südoststeiermark vor.

sächlich im Marchfeld, im Seewinkel und bis in die Südoststeiermark vor, traten nun auch einzelne Fälle in der West- und Obersteiermark, in Salzburg, Oberösterreich, Tirol und Vorarlberg auf.

## Vielfältige Infektionsmöglichkeiten und variables Krankheitsbild

Menschen infizieren sich hauptsächlich durch direkten Kontakt mit Feldhasen (Schmierinfektionen), Einatmen der Erreger (z. B. beim Abbalgen von Hasen), über die Haut und Hautwunden und selten über unzureichend gegarte Speisen. Nach einer Inkubationszeit von meist 2 bis 10 Tagen leiden Patienten an starken Kopf- und Gliederschmerzen, Fieber und Schüttelfrost sowie ausgeprägter Mattigkeit. Bei der „äußeren Form" (Hautform) bildet sich an der Infektions-

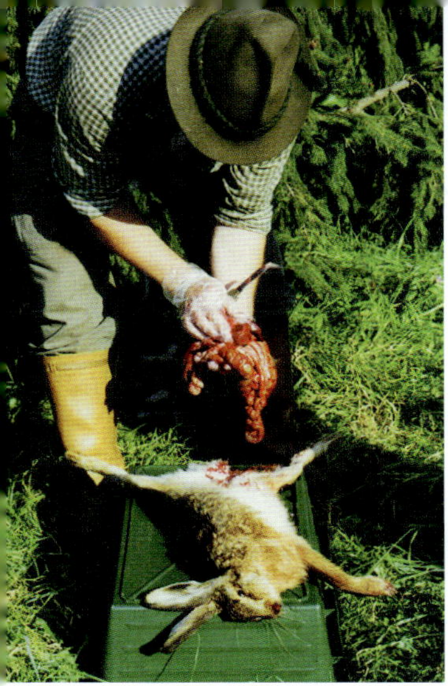

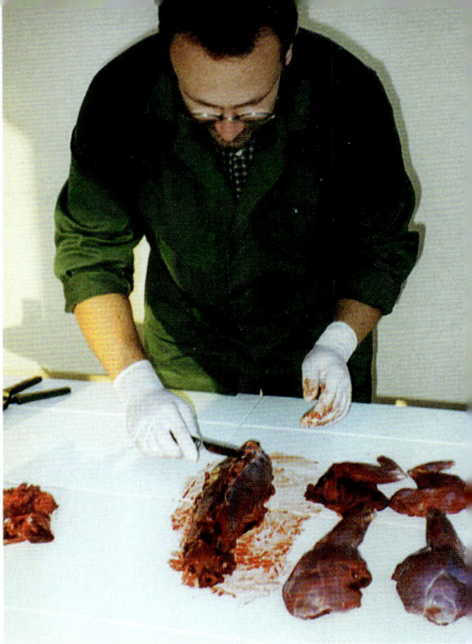

Beim Hantieren mit Feldhasen sollten Handschuhe getragen werden. Die Organe sind beim Auswerfen genau auf Veränderungen (vergrößerte Milz, kleinknotige Lungenveränderungen) zu untersuchen.

stelle ein Geschwür, oft mit Entzündung der Achsel- oder Leistenlymphknoten. Eine Lidbindehautentzündung entsteht nach Infektion über die Lidbindehäute der Augen, bei oraler Aufnahme eine Angina sowie Schwellungen der Unterkieferlymphknoten. Die „innere Form“ der Tularämie kann mit Lungen- und Rippenfellentzündung oder mit ausgeprägten Leibschmerzen, Milzschwellung, Erbrechen und Durchfall, begleitet von Fieberschüben, einhergehen. Eine rechtzeitige Antibiotikatherapie hat einen guten Behandlungserfolg. Die Mortalitätsrate liegt bei 4 bis 6 %. Zwischen 2015 und 2019 wurden in Österreich insgesamt 57 Fälle von Tularämie beim Menschen gemeldet, wobei die Dunkelziffer erheblich sein dürfte. Die gemeldeten Humanfälle waren häufig auf Feldhasenkontakte zurückzuführen.

### Brucellose – häufig sind Geschlechtsorgane betroffen

Die Brucellose bei Feldhasen (Erreger: *Brucella suis*) wird seit über 100 Jahren in Mittel- und Osteuropa beschrieben. Sie führt im chronischen Krankheitsverlauf zu Abszessen vorwiegend in Geschlechtsorganen, Milz, Leber, aber auch in Unterhaut und Muskulatur. Bei Wildschweinen findet man die Erreger häufig in Lymphknoten, Samenblase, Prostata oder Hoden, auch wenn diese oft unverändert erscheinen. Bei extensiv gehaltenen Hausschweinen (Freilandhaltung) oder beim Verfüttern von kontaminiertem Gras an Schweine vergrößert sich die Gefahr der Übertragung von Brucellose auf Hausschweine. Brucellose kann auch durch blutsaugende Insekten übertragen werden und ist eine Zoonose, also auf den Menschen übertragbar.

Beim Menschen treten Brucellosen durch *Brucella abortus* (Hauptwirt Rind) und *B. melitensis* (Hauptwirte Schaf und Ziege), *B. suis* (v. a. Wildschwein und Feldhase) und *B. canis* (Hauptwirt Hund) auf. Die vielfach nur gering ausgeprägten und uncharakteristischen Anfangssymptome der Brucellose beim Menschen sind Abgeschlagenheit, Kopf-, Gelenks- und Muskelschmerzen sowie Störungen des Magen-Darm-Traktes. Spätere Symptome sind „undulierendes" (wellenförmiges) Fieber und Schwellungen von Leber, Milz oder Lymphknoten. Im chronischen Krankheitsverlauf kommt es zu Gelenksentzündungen (besonders der Wirbelsäule), Leber-, Hoden- und Nierenbeckenentzündung, Lungen-, Herzmuskel- und Schilddrüsenentzündung oder Gehirn- und Gehirnhautentzündung. Ein Brucellose-positiver Jäger gab an, jährlich rund 200 Stück Schwarzwild aufzubrechen.

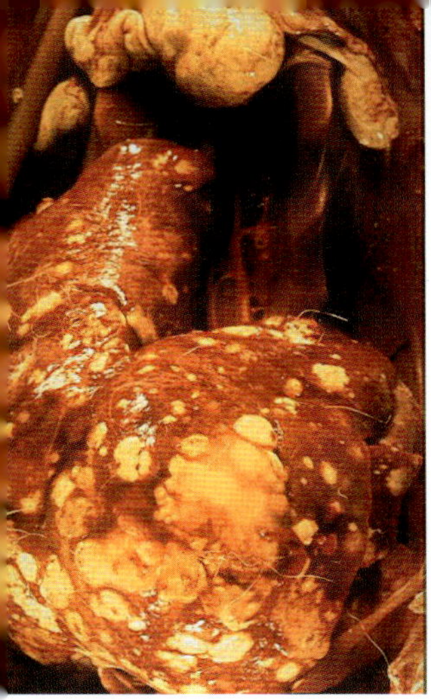 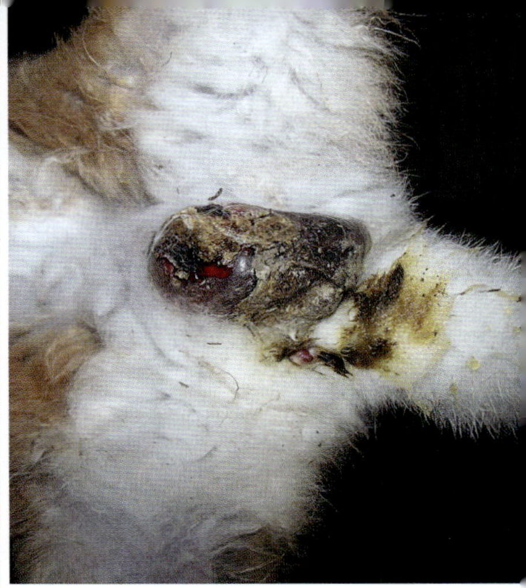

Brucellose bei Feldhasen: Links Abszesse in der Milz und am Eierstock, rechts Brucelloseverdacht bei einem Rammler mit massiv vergrößerten und abszedierten Hoden. (Foto rechts: © P. Hangweier)

Damit liegt die Vermutung nahe, dass sich dieser Jäger beim Schwarzwild infiziert hat.

## Schutz- und Vorbeugungsmaßnahmen

- Grundsätze der Hygiene (Händewaschen nach Kontakten, sofortige Wundversorgung) und auch der Küchenhygiene sind auf alle Fälle einzuhalten.

- Vermeidung von Schmierinfektionen (z. B. kein Rauchen, Trinken, Essen beim Abbalgen).
- Beim Hantieren und Auswerfen von Hasen sollten Handschuhe verwendet werden.
- Veränderungen sind in verstärktem Ausmaß diagnostisch abzuklären, um zu wissen, mit welchen Krankheiten regional zu rechnen ist.

- Verzicht auf nicht ganz durchgebratenes Fleisch (rosa Hasenrücken).
- Durch Anfeuchten des Balges kann starke Staubentwicklung aus dem Balg und somit die Übertragungsmöglichkeit von Krankheitserregern über die Luft vermieden werden.
- Vermeiden eigenartiger „Bräuche“, wie das Apportierenlassen von Hasen durch Jungjäger beim Schüsseltrieb.

## Trichinen – Parasiten im Muskel und Darm

*Trichinen oder Trichinellen sind beim Hausschwein wegen der seit 80 Jahren vorgeschriebenen Trichinenuntersuchung und dem Rückgang der Freilandhaltung sehr selten geworden. Es stiegen aber die Befallsraten bei Wildtieren, wie Schwarzwild, Füchsen oder Marderhunden. In Verbindung mit heutigen Verzehrgewohnheiten und nicht bzw. unzureichend gegarten Speisen wie Carpaccio oder Rohschinken stieg das Infektionsrisiko für den Menschen.*

Den letzten größeren Ausbruch in Österreich gab es im Jahre 1970 im Bundesland Salzburg, bei dem 12 Touristen nach dem Verzehr von geselchtem Schweinefleisch erkrankten, wobei die Schweine vorher vom Landwirt (zugleich Jäger) mit Fuchskernen gefüttert wurden!

Von 2014 bis 2018 gab es in der EU durchschnittlich 163 Humanfälle pro Jahr, mit einem deutlichen Schwerpunkt in Südosteuropa.

## Unterschiedliche Häufigkeit

Von über 153 Mio. im Jahr 2018 untersuchten Hausschweinen aus kontrollierter Haltung (Stallhaltung) waren EU-weit bei 322 Schweine Trichinen nachweisbar (= 0,0002 %). Dagegen waren im selben Jahr 1.293 von knapp 1,5 Mio. untersuchten Wildschweinen (= 0,09 %, das sind 9 von 10.000 untersuchten Wildschweinen) und sogar 1,6 % der untersuchten Füchse positiv. Damit sollte sich jedenfalls das Auslegen von Fuchskernen auf Luderplätzen in Gebieten, in denen auch Schwarzwild vorkommt, von selbst verbieten, da Sauen natürlich auch Füchse aufnehmen und damit trichinös werden können.

## Interessante Biologie

Die Infektion von Wirtstieren erfolgt über die Aufnahme von *Trichinella spp.*-positiven Beutetieren oder trichinösem Aas, wobei sicherlich auch infizierte Ratten und Mäuse eine gewisse Bedeutung haben. Trichinen parasitieren als geschlechtsreife Würmer im Dünndarm und als Larven in der Muskulatur von Wild- und Hausschwein, Fuchs, Bisam-, Haus- und Wanderratten, Wühlmäusen, Nutria, Marderartigen, Pferden sowie selten Vögeln und Reptilien. In Europa sind 4 Trichinenarten bekannt. Die häufigste Art ist *Trichinella spiralis*. Bis auf *Trichinella pseudospiralis* sind alle Arten kapselbildend, was auch für die Trichinenuntersuchung bedeutsam ist.

Erwachsene Trichinellen leben im Dünndarm als sogenannte Darmtrichinen. Männchen werden rund 1,5 mm

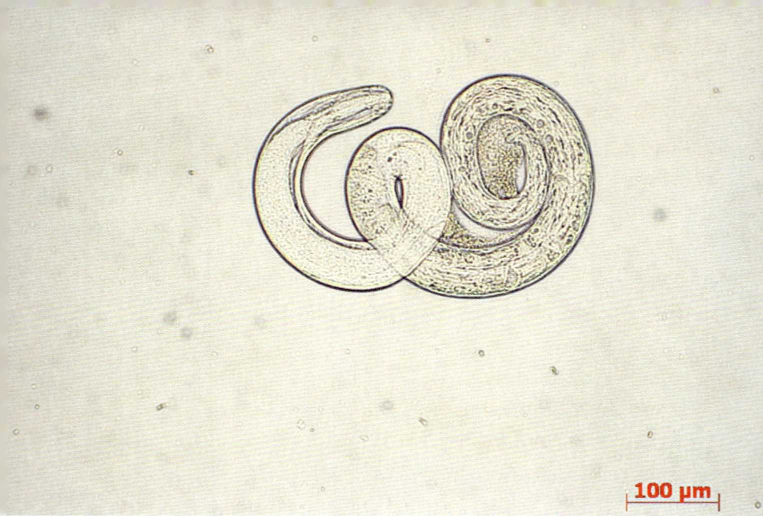


Trichinenlarve unter dem Mikroskop. (Foto: © Fachabteilung Veterinärwesen, Graz)

lang, Weibchen rund 3 mm. Jedes Weibchen legt zwischen 1.000 und 2.000 Larven. Diese Jugendstadien gelangen über die Darmwand ins Blut- und Lymphgefäßsystem und damit in die quergestreifte Muskulatur, wo sie abgekapselt und spiralig eingerollt als Muskeltrichinen (ca. 1 mm lang) jahrelang infektiös bleiben. Wenn sie erneut von einem Wirt aufgenommen werden, wird im Magen die Kapsel durch die Magensäure aufgelöst und die freigewordenen jungen Trichinen gelangen mit dem Speisebrei in den Dünndarm. Dort bohren sie sich in die Darmzotten ein und werden innerhalb von ein bis zwei Tagen geschlechtsreif. Mit der Paarung der Trichinen beginnt somit der Kreislauf erneut.

### Erkrankung des Menschen

Als Hauptansteckungsquelle für den Menschen gelten Wildbret von Schwarzwild und in Südosteuropa auch Fleisch von Hausschweinen aus sog. „Hinterhofhaltungen“, also

Schweinen mit Auslauf im Freien. Infektionsquellen sind trichinenhaltige Rohwürste, Rohschinken, Carpaccio, Mett sowie unzureichend Gegartes.

Der Mensch gilt für Trichinella als hoch empfänglich. Während der meist ein- bis zweiwöchigen anfänglichen „Darmphase" treten recht unspezifische Symptome (Übelkeit, Bauchschmerzen, Durchfall, Erbrechen, Schwindelgefühl) auf. Danach durchdringen die neugeborenen Larven die Darmschleimhaut und wandern zur quergestreiften Muskulatur, also Skelett- und Herzmuskulatur. Die „Wanderphase" der Trichinenlarven wird von spezifischeren Symptomen wie hohem Fieber (40–41 °C), Muskel- und Gliederschmerzen, Schüttelfrost sowie Gesichtsschwellungen (besonders unter den Augen) begleitet. Zusätzliche Gefäßentzündungen können auch zu Hautausschlag und punktförmigen Blutungen führen. Seltener kommt es zu Herzmuskel-, Gehirn- und Hirnhautentzündungen oder Infarkten. Mit dem Einkapseln der Larven in Muskelzellen kommt es zu einer oft monatelangen Genesungsphase, die von Abmagerung, Ödemen (Flüssigkeitsansammlung in Geweben) und Austrocknung begleitet werden kann. Die Infektion kann vor allem dann tödlich verlaufen, wenn die Zwerchfell- oder der Herzmuskulatur betroffen sind. In milderen Fällen sind behandelte Patienten innerhalb von zwei bis sechs Monaten symptomfrei. Eine Diagnosestellung beim Menschen ist über die Untersuchung von Blutproben möglich. Therapeutische Maßnahmen beim Menschen sind umso erfolgreicher, je frühzeitiger sie durchgeführt werden.

### Vorbeugungsmaßnahmen

Es ist erschreckend, dass europaweit der Prozentsatz von Schwarzwild, das keiner Trichinenuntersuchung unterzogen wird, nach wie vor recht hoch liegt. In diesem Zusammenhang muss eindringlich auf die Verantwortung des Jägers als „Lebensmittelunternehmer" hingewiesen werden!

In Deutschland ist eine Trichinenuntersuchung auch bei Eigenverzehr vorgeschrieben, in Österreich nur für die Direktvermarktung und den Wildhandel. Beim Eigenverzehr von Wildbret vom Wildschwein sowie von Fuchs, Dachs oder Nutria – falls diese verzehrt werden sollen – wird aber auch in Österreich eine Untersuchung auf Trichinen dringend angeraten. Pökeln und Räuchern reichen nicht aus, um Trichinellen abzutöten Da die Art *T. nativa* kälteresistent ist, gilt auch das Einfrieren als nicht sicher. Die einzige sichere Methode, Trichinellen in Wildbret abzutöten, ist das vollständige Durchgaren.

Die unschädliche Entsorgung von Schwarzwildaufbrüchen sowie von Raubwildkadavern oder Raubwildkernen nach dem Abbalgen trägt dazu bei, den Infektionskreislauf von Trichinen in Richtung Schwarzwild zu unterbrechen und damit die Befallsrate bei Schwarzwild nicht weiter ansteigen zu lassen.

## Hantavirus-Infektionen – Jäger besonders gefährdet!

*Jäger sind durch ihren Aufenthalt in freier Natur sowie durch häufige Tierkontakte eine Risikogruppe für den Erwerb von Zoonosen, also von Erkrankungen, die zwischen Tieren und Menschen übertragen werden. Eine Infektionskrankheit, die sich in den letzten Jahren stark ausgebreitet hat, sind Hantavirus-Infektionen.*

Hantaviren treten weltweit in verschiedenen Serotypen mit unterschiedlicher krankmachender Wirkung für den Menschen auf. Mit Sterblichkeitsraten von – je nach Serotyp – bis über 50 % gehören sie zu den gefährlichen Zoonosen. Der in Nord- und Mitteleuropa vorherrschende Serotyp Puumala (Sterblichkeitsrate bei 0,5 %) verursacht grippeähnliche Symptome und Nierenerkrankungen. Das Virusreservoir für Hantaviren sind Mäuse, Wühlmäuse, Ratten und Spitzmäuse, bei denen die Infektion symptomlos verläuft, die das Virus jedoch meist lebenslang über Speichel, Urin und Kot ausscheiden. Im Bezirk Murau/Steiermark konnten Hantaviren auch bei Sumpf- und Waldspitzmäusen nachgewiesen werden, es muss also mit weiteren Reservoiren gerechnet werden.

### Infektionen steigen im Herbst

Die Zahl der humanen Hantavirus-Infektionen ist im Herbst am größten, da durch den erhöhten Populationsdruck auf der einen Seite bzw. die niedrigen Temperaturen auf der anderen Seite Mäuse (häufige Virusträger sind Rötelmäuse) die Nähe menschlicher Siedlungen suchen und damit die Infektionsgefahr steigt. Der Mensch infiziert sich meist durch Einatmen von Staub, der eingetrocknete Nagerexkremente enthält. In einer Querschnittsuntersuchung im Bundesland Kärnten wiesen 1,2 % der untersuchten Personen Antikörper gegen das Hantavirus auf, waren also einmal infiziert. In eigenen Untersuchungen von Jägern, Landwirten konnten wir bei 10 % der Jäger und 3 % der Landwirte Antikörper nachweisen, keine jedoch bei Tierärzten und Schlachthofarbeitern, was Jäger als besondere Risikogruppe für Hantavirus-Infektionen ausweist.

In den letzten Jahren waren deutliche Steigerungen und eine deutliche Vergrößerung des Verbreitungsgebietes erkennbar. Diese hohen Fallzahlen sind vermutlich auch durch Populationszunahmen der Rötelmaus (Buchenmastjahre!) und Klimafaktoren bedingt. Ein weiterer Grund könnte in der zunehmenden Kenntnis der Ärzte über das durch Hantaviren verursachte Krankheitsbild liegen. Jedenfalls sollte bei einem fieberhaften („grippalen“) Infekt mit Nierenfunktionsstörung an eine Hantavirus-Infektion gedacht und diese durch eine Blutuntersuchung abgeklärt werden.

### Übertragungswege und Symptome

Infizierte Mäuse oder Ratten scheiden die Viren über Urin, Kot oder Speichel aus. Die Ansteckung des Menschen erfolgt meist durch Einatmen von virushaltigem Staub. Übertragungen durch Schmier- oder Tröpfcheninfektion, gelegentlich durch Bisse oder indirekt über kontaminierte Lebensmittel (z. B. Mäuseexkremente auf Bierdosen in Jagdhütten) sind möglich. Die häufigsten Ansteckungsorte sind von Mäusen besiedelte, nicht ganzjährig bewohnte Hütten, Schuppen, Nebengebäude oder Garagen und Dachböden in Waldrandnähe. Für Jäger sind auch von Mäusen besuchte (geschlossene) Kanzeln ein Infektionsort.

Der überwiegende Teil der Infektionen bleibt von den Betroffenen unbemerkt. Abhängig vom Erregertyp unterscheidet man unterschiedlich schwere Krankheitsformen bis hin zu lebensbedrohenden Verläufen mit typischer Nierenbeteiligung bis zu akutem Nierenversagen und teilweise Lungenentzündungen. Nach einer Inkubationszeit von 2–3 Wochen sind die ersten Anzeichen einer Hantavirus-Infektion ein typischerweise abrupter Krankheitsbeginn mit hohem Fieber,

Aus dieser Wasserspitzmaus wurde ein seltenes Hantavirus isoliert.

Erbrechen, Durchfall und Hautausschlägen im Bereich des Gesichtes, des Halses und der Schultern, begleitet von Kopf-, Augen-, Bauch-, Muskel- und Gliederschmerzen (grippeähnliche Symptome). Am 5.–8. Tag kommt es zu Flanken- und Bauchschmerzen, Proteinurie (Eiweiß im Harn), begleitet oft von Harnwegsinfektionen und Blutungen, schweren Schockzuständen, blutigem Stuhl sowie Oligourie (verminderte Harnausscheidung) bis Anurie (Harnausscheidung unter 100 ml/24 h) und damit verbundenen Störungen im Elektrolyt-, Säure-Basen- und Wasserhaushalt sowie Blutdruckabfall. Die Diagnose erfolgt mittels Antikörpernachweis aus dem Blut, und die Behandlung beschränkt sich meist auf eine symptomatische Therapie, in manchen Fällen ist eine Dialyse erforderlich.

### Vorbeugungsmaßnahmen

In erster Linie kommt es darauf an, keinen infizierten Staub einzuatmen und keine kontaminierten Nahrungsmittel zu konsumieren. Der direkte Kontakt zu Mäusen und Ratten ist grundsätzlich zu meiden (Handschuhe!). Im Haushalt und besonders in nicht mäusesicheren (Jagd)Hütten sollten Lebensmittel und Abfälle in geschlossenen Gefäßen lagern. Arbeitsflächen, Tische und Böden bei Mäusevorkommen sind mit Desinfektionsmitteln zu reinigen. Räume (auch Hochsitze, Kanzeln!), in denen Mäuse auftraten, müssen vor der Reinigung gut gelüftet werden, Mäusekot und -kadaver sowie Mäusefallen sollten vor dem Entfernen mit Desinfektionsmitteln benetzt werden. Holzstapel, Abfalleimer, Heuballen und Tierfutter sollten mindestens 30 m vom Haus entfernt sein und Müllbehälter dicht schließen; Speisereste und tierische Abfälle sollten nicht auf den Hauskompost. Weitere Vorbeugungsmaßnahmen sind eine strikte Trennung der Arbeitskleidung von der Alltagskleidung, Verwendung von Atemschutz (Feinstaubmaske FFP2) und Schutzbrille beim (Hochdruck)Reinigen von Räumen, Vermeidung von Staubentwicklung beim Reinigen (Anfeuchten der Flächen), gründliches Händewaschen, keine Lagerung von Brennholz in Wohnräumen sowie eine rigorose Schadnagerbekämpfung in Gebäuden besonders im Herbst. Allgemeine Grundsätze der Hygiene sind ein guter Schutz gegen Infektionen!

## Ist Fuchsräude auf Menschen übertragbar?

*Der Erreger der Fuchsräude ist eine Grabmilbenart (Sarcoptes canis oder Sarcoptes scabiei var. canis). Auch Dachs, Iltis, Wiesel und Steinmarder und seltener Baummarder können daran erkranken.*

Räude verursacht bei Hunde- und Marderartigen Hautveränderungen, beginnend zumeist am Kopf (Ohrränder, Nasenrücken, Augenbogen) sowie an anderen weichhäutigen Körperstellen wie Unterbauch und Schenkelinnenflächen. Die ersten sichtbaren Veränderungen sind kleine Knötchen und Pusteln oder vermehrte Schuppenbildung. Gleichzeitig tritt besonders bei warmer Umgebungstemperatur starker Juckreiz auf, später kommt es zur Verdickung und Faltenbildung der Haut. Dabei entstehen graue Krusten, und die Haare fallen aus bzw. brechen ab. An die Krusten schließen zumeist stark schuppende Hautzonen an, die frisch von

Milben besiedelte Gebiete anzeigen. Bei bakteriellen Sekundärinfektionen entstehen eitrige Hautentzündungen. Die Ansteckung erfolgt durch direkten und indirekten Kontakt (Bau, Ranz, Jungtiere mit Eltern oder untereinander) oder durch das Anschneiden von verendeten, räudigen Tieren. Vor der Jahrtausendwende ereigneten sich lokal rund alle 4–6 Jahre schwere Seuchenzüge mit Fuchsräude, meist dann, wenn sich die Fuchspopulationen vom letzten Seuchenzug dichtemäßig wieder erholt hatten. Mittlerweile tritt Staupe neben der Fuchsräude als weitere heimische Fuchsseuche auf. Räude wurde damit etwas seltener. Eine Fuchsbejagung kann Räudeausbrüche vielleicht etwas hinauszögern, aber sicher nicht verhindern. In Zeiten ohne klinische Fälle beherbergen sogenannte „stille Milbenträger" unter den Füchsen Räudemilben, oft nur im äußeren Gehörgang.

### Rasche Vermehrung in der Haut

Räudemilben vermehren sich rasch. Die etwa 0,2 bis 0,4 mm großen Milbenweibchen graben Bohrgänge in die Haut, wo sie Eier ablegen. Die daraus schlüpfenden Larven wandern nach ein bis zwei Häutungen an die Hautoberfläche und paaren sich dort nach Erreichung der Geschlechtsreife, die bereits 18–24 Tage nach dem Schlüpfen aus den Eiern eintritt.

Außerhalb des Wirtstieres sind Räudemilben nur kurzfristig (max. 14 Tage bei 5 °C und hoher Feuchtigkeit, meist höchstens 1 Woche) überlebensfähig und entfernen sich nur max. 1 m vom verendeten Wirt, was „Verbrennungsaktionen" bei Fallwild erübrigt.

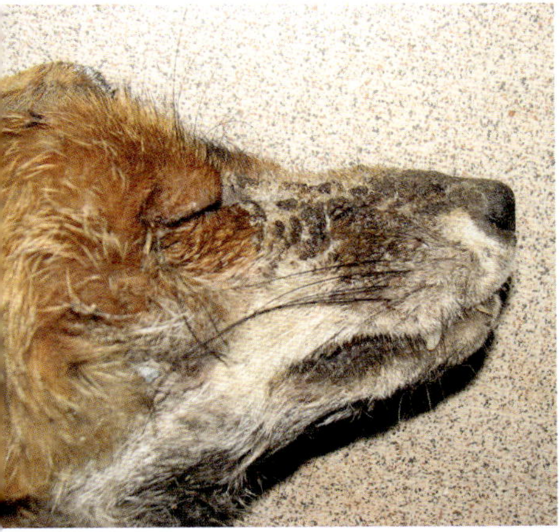

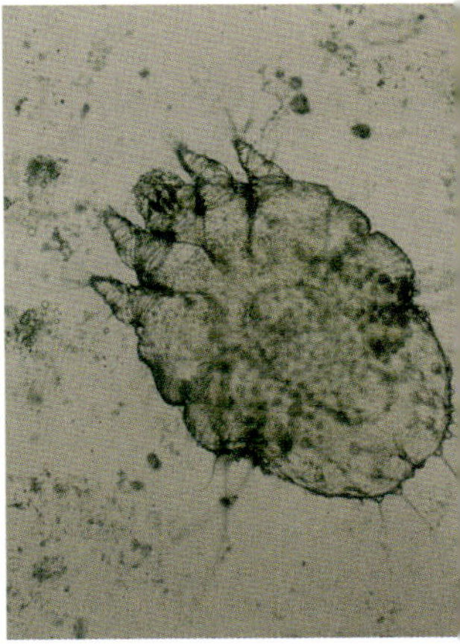

Links: Deutliche borkige Auflagerungen durch Räude.
Rechts: Sarcoptesmilbe vom Fuchs.

## Fuchsräude bei Mensch und Hund

Räudemilben sind im Jagdbetrieb auf Jäger oder Jagdhunde relativ leicht übertragbar, wobei beim Menschen diese Milbenart lediglich eine „Scheinräude" verursacht. Die juckenden Hautveränderungen heilen nach 2–3 Wochen ab, da sich Räudemilben vom Fuchs in der menschlichen Haut nicht vermehren können. Es ist aber auch eine Behandlung möglich. Schutzhandschuhe beim Hantieren mit Füchsen schützen vor einer Übertragung der Milben.

Hunde infizieren sich dagegen dauerhaft und benötigen nach Kontakten mit räudigen Füchsen eine zweimalige Injektionsbehandlung innerhalb von 1–2 Wochen, weil bei einer zweimaligen Behandlung auch die aus den die

Hier erkennt man eine beginnende Räude an der Lunte.

Erstbehandlung überlebenden Eiern geschlüpften Larven abgetötet werden. Gleichzeitig mit der Therapie sind das Hundelager mit einem Akarizid (z. B. Pyrethroide) zu behandeln und Hundedecken auszukochen.

# 3. ALLGEMEINE JAGD- UND WILDFRAGEN

## WILDEREIVERDACHT – WAS TUN?

Wilderei ist das unberechtigte Erlegen oder Fangen von Wild. Nach dem Strafgesetzbuch macht sich der Wilderei schuldig, wer unter Verletzung fremden Jagdrechts dem Wild nachstellt, es tötet, verletzt oder sich zueignet oder wer sich sonst eine Sache, die dem Jagdrecht unterliegt (wie Abwurfstangen, Gelege, Unfallwild, Jungwild), zueignet, beschädigt oder zerstört. Der Eingriff in fremdes Jagdrecht wird in Mitteleuropa sehr schwer bestraft, in drastischen Fällen sogar mit Freiheitsstrafen bis zu drei Jahren!

**Wird ein Stück Wild gefunden, bei dem Wilderei zu vermuten ist, sind folgende Schritte erforderlich:**

1. Das Stück vorerst in der Position belassen, wie es aufgefunden wird.
2. Information des Jagdausübungsberechtigten, des Hegemeisters und des Bezirksjägermeisters sowie der Polizei (Anzeige).
3. Befundaufnahme durch Polizei sowie jagdlich und veterinärmedizinisch kundige Personen.
4. Suche nach Auto- und Fußspuren, Patronenhülsen usw.; Befragung von möglichen Augen- oder Ohrenzeugen (Polizei); möglichst Auffinden des Anschusses (Hund).
5. Sektion des Stückes nach vorsichtigem Aus-der-Decke-Schlagen; exaktes Präparieren von Schusskanälen.
6. Suche nach Projektil(en) ev. mittels Metallsuchgerät oder Röntgen, bei Magen-/Darminhalt Auswaschen in ein Sieb.

7. Beschreibung der Verletzungen, Schätzen des Zeitraumes Schuss – Verenden und des ungefähren Tatzeitpunktes.
8. Rekonstruktion des Tatherganges.

Schuss- oder andere Verletzungen können sehr leicht übersehen werden, wenn es verabsäumt wird, das Stück möglichst vollständig aus der Decke zu schlagen. Im Zuge der Erhebungen ist es für den weiteren Verfahrensweg äußerst hilfreich, möglichst alle Schritte auch fotografisch und mittels Skizzen festzuhalten.

Abschließend ist vielleicht noch anzumerken, dass eine frühzeitige Information der Presse die Erhebungen meist nicht wesentlich unterstützt oder erleichtert.

Führende Rehgeiß, nach einem Kleinkaliberschuss (Pfeil = Einschuss) verendet aufgefunden.

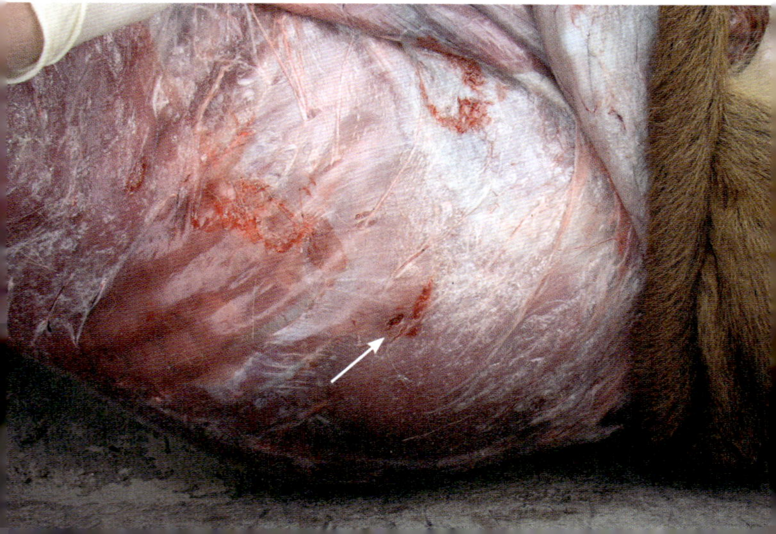

## Rissbegutachtung: Wer war der Täter?

*Nicht jeder „Riss" ist tatsächlicher einer, manchmal kann die Verendensursache zumindest grob ergründet werden. Im Falle des tatsächlichen Verdachtes auf große Beutegreifer sind in den Bundesländern die Abläufe (wie z. B. Information über Landesjagdverbände, Landwirtschaftskammern oder Veterinärabteilungen) weitgehend geregelt.*

### Fundort und Umgebung

Eine Erstbeurteilung der Situation soll schon aus größerer Entfernung geschehen, um nicht bei voreiliger Konzentration auf Details (z. B. Träger des verendeten Stückes) wesentliche Einzelheiten zu übersehen (wie Kampf- und Schleifspuren, Körperteile, Haare, Fährten, Spuren, Losungen usw.). Achtung auch bei Fährten/Spuren, denn ein Hund muss nicht immer Nägel abdrucken und kann daher mit einem Luchs verwechselt werden. Und eine Wolfsspur ist höchstens im geschnürten Trab von einem Hund zu unterscheiden, selten aber in anderen Gangarten. Oder immer wieder werden besonders im trockenen Schnee (Schnee-)Hasenspuren der Springer mit dem Luchs verwechselt. Bei frischen Rissen wäre das Anbringen einer Wildkamera durchaus sinnvoll, um den allenfalls wiederkehrenden Täter zu identifizieren. Natürlich könnte auch ein Nachnutzer kommen, aber die Chance, dass der Erstverantwortliche zurückkehrt, ist groß. Luchse vertragen es sogar, wenn das gerissene Stück vor der Wildkamera angebunden wird, andere Beutegreifer sind da wesentlich empfindlicher.

Generell ist eine Fotodokumentation der Befunde auch für spätere Interpretationen hilfreich. Verhaltensänderungen des

Wildes, von landwirtschaftlichen Nutztieren oder von Hunden in der Umgebung von Rissen können einen zusätzlichen Hinweis auf die Anwesenheit von Großraubtieren liefern.

### Riss oder kein Riss?

Generell ist die Rissdiagnostik keine exakte Wissenschaft (RAUER, 2016), sondern es werden Indizien ausgewertet. Meist kann zumindest ein Verdacht erhärtet werden. Rissmerkmale (Tab. 1) sind natürlich nicht immer eindeutig, es gibt fließende Übergänge bei den Spuren zwischen den Verursachern, so wie es auch innerhalb einer Beutegreiferart individuelle Unterschiede des Reißens gibt.
Die erste Frage ist natürlich, ob tatsächlich ein Riss vorliegt, denn mehrfach habe ich auch „Risse“ beurteilt, die auf Schussverletzungen und unterlassene Nachsuchen zurückzuführen waren.

In den meisten Fällen gilt zu unterscheiden, ob es sich beim gefundenen Stück um Fallwild bzw. um ein verendetes Nutztier handelt, das nach dem Verenden – meist vom Fuchs und von Kolkraben – genutzt wurde. Wenn man bedenkt, dass allein in der Steiermark jährlich um die 8.000 Stück Rehwild als Straßenverkehrsfallwild gemeldet werden (welches nicht immer direkt auf oder neben der Straße liegt) und ebenso viel als sonstiges Fallwild, so wird klar, dass am Verenden so manchen Fundes nicht immer ein Beutegreifer verantwortlich ist.

Weiters ist allein in der Steiermark jährlich mit 15.000 bis 30.000 Abortusfällen beim Rind zu rechnen, ein erheblicher Teil davon erfolgt auf der Weide. Einen deutlichen Hinweis zur Feststellung, ob es sich um ein bereits tot geborenes und später ev. von Füchsen genutztes Kalb handelt, liefert die sogenannte „Lungenschwimmprobe". Dabei wird bei der Sektion ein Stück Lunge in ein Glas mit Wasser gegeben: Wenn das Lungenstück schwimmt, sind die Lungenbläschen lufthaltig – das bedeutet, dass die Lunge bereits beatmet war, wenn es untergeht, war sie nicht beatmet und das Stück damit mit hoher Wahrscheinlichkeit eine Totgeburt. Fäulnisgase können aber z. B. auch dazu führen, dass ein Lungenstück einer Totgeburt schwimmt, oder eine Lungenentzündung kann dazu führen, dass ein Lungenstück untergeht. Einen Hinweis, ob ein frisch gesetztes Jungtier jemals gestanden ist, gibt auch der Knorpelüberzug an den Klauen, der bei frisch geborenen Kälbern noch vorhanden ist, dann aber abgetreten wird.

Verendetes Kalb, vom Fuchs genutzt, vor dem Verenden noch nicht oder nur kurz gestanden (siehe Knorpelpolster an den Klauen).

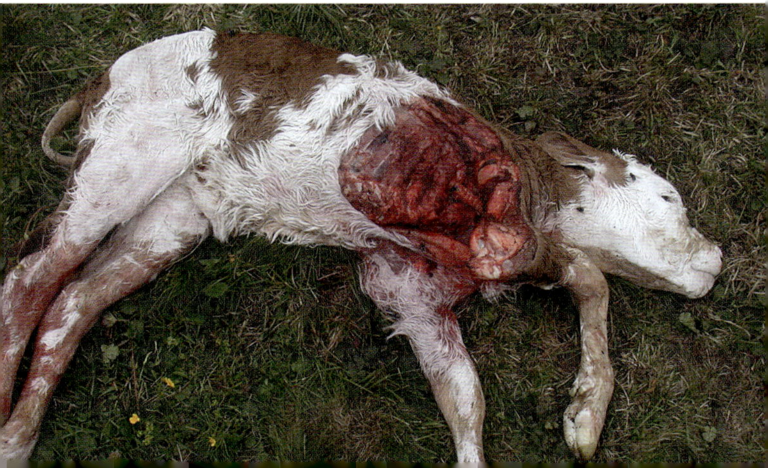

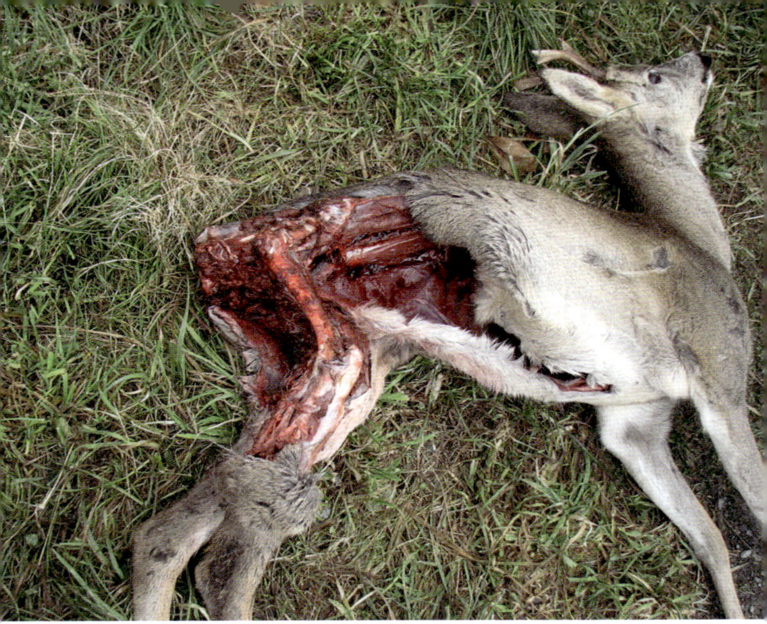

Luchsriss.

Links: Fuchsriss, rechts: Hunderiss (beachte z. B. Abstand der Zähne).

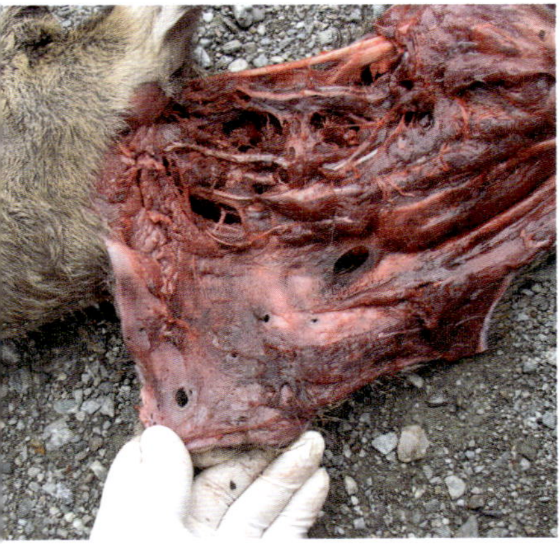

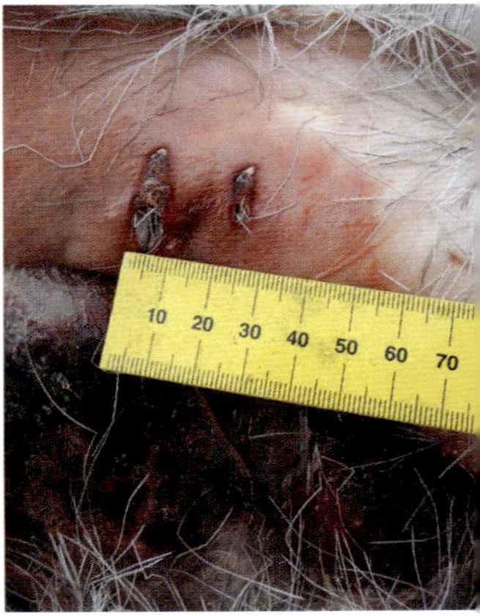

Wenn nun aber beispielsweise Bisse am Hals erkennbar sind, stellt sich die Frage, wer es war.

### Wer war es?

Wenn es sich tatsächlich um einen Riss handelt, so kann das Rissbild in vielen Fällen Hinweise oder Aufschluss auf den Verursacher geben. Dazu werden zuerst von außen die Verletzungen (meist am Hals) beurteilt, Zahl der Bisse und Zahnabstände geschätzt bzw. gemessen sowie auf Kratzspuren und Bisse in anderen Körperregionen geachtet. Zudem wird beurteilt, wie das Stück angeschnitten wurde und was (Muskulatur, Magen-Darmtrakt usw.) und wie viel davon genutzt wurde. Füchse haben keine große Beißkraft und beginnen beim Anschneiden gerne an Körperstellen mit dünnerer Haut (z. B. Weidlochregion) oder an verletzten Körperstellen (z. B. Schuss- oder Forkelverletzung). Häufig werden Füchse aber als Beutegreifer unterschätzt. Rehe im Harschschnee oder geschwächte Rehe (Parasitosen, Pansenübersäuerung usw.) fallen Füchsen leicht zum Opfer.

Zur weiteren Beurteilung muss den Beutetieren die Decke/Haut abgeschärft werden und das möglichst großflächig. Wenn der Verdacht auf einen großen Beutegreifer (Bär, Wolf, Luchs, Goldschakal) besteht, sollte mit einem geschulten Rissbegutachter Kontakt aufgenommen werden. (Biss-)Verletzungen, die dem Opfer noch zu Lebzeiten zugefügt wurden, sind von einem Hämatom (Bluterguss) umgeben, postmortale Bisse nicht.

**Beispiele unterschiedlicher Rissbilder**

| Bär | Wolf | Hund | Luchs | Fuchs |
|---|---|---|---|---|
| häufig Nutztiere, keine gezielten Bisse | gezielte, oft mehrere Drosselbisse, Hämatome, Zahnabstand ca. 4,5 cm | ungezieltere Bisse mit meist geringerer Beißkraft am Hals und anderen Körperstellen | meist Wildtiere; gezielter, recht unscheinbarer Drosselbiss | viele Drosselbisse mit kleinen Löchern, Bisse auch an anderen Körperstellen |
| Verletzungen an Kopf, Rücken | Verletzungen oft auch an anderen Körperteilen, z. B. an Hinterläufen | große Bisslöcher und Gewebszerreißungen durch Schütteln der Beute, oberflächliche Kratzspuren (stumpfe Krallen) | Krallen können Decke durchdringen | Nutzung beginnt oft in Analgegend oder am Bauch |
| Brustkorb geöffnet, Leber oder Euter genutzt | Abtrennen großer Haut-/ Deckenteile möglich | Beute nicht immer angefressen, Bauchraum oft eröffnet | Nutzung beginnt meist am Schlögel | Magen-Darmtrakt, auch Decke werden genutzt |
| Umstülpen der Haut beim Fressen | Verschleppen der Beute, Teile verstreut | besonders bei „ungeübten“ Hunden Kampfspuren | Umstülpen und Zurückrollen der Decke beim Fressen | Haupt/Kopf und andere Teile oft verschleppt |
| nutzt Pansen, Verblenden des Risses | weitgehende Nutzung des Risses (außer Magen-Darmtrakt) | nutzt, wenn er den Riss anfrisst, auch den Magen-Darmtrakt | nutzt nur Muskulatur, Knochen sauber und hängen zusammen, keine Körperteile verschleppt | bei mehreren Füchsen Riss oft rasch verwertet |

*Dabei gibt es natürlich Übergänge zwischen den „Verursachern“ (Übersicht modifiziert n. RAUER, 2016; KACENSKY u. HUBER, 1994).*

Nicht zu vergessen sind weitere (Nach-)Nutzer von Kadavern, wie Raben. Nicht alle Risse sind hinsichtlich des Verursachers aufzuklären, und auch den genetischen Untersuchungen sind Grenzen gesetzt.

### Wundermittel Genetik?

Genetische Untersuchungen sind ein Hilfs-, aber kein diagnostisches Wundermittel, wie es uns diverse Krimis weismachen wollen. Erklärbare Unterschiede in der Befundung zwischen Laboratorien entstehen auch dadurch, dass die Laboratorien unterschiedliche Gensequenzen beurteilen. Nicht zu vergessen ist auch die nahe Verwandtschaft zwischen

Das Rissbild bei Fuchsrissen ist oft „schrotschussähnlich“.

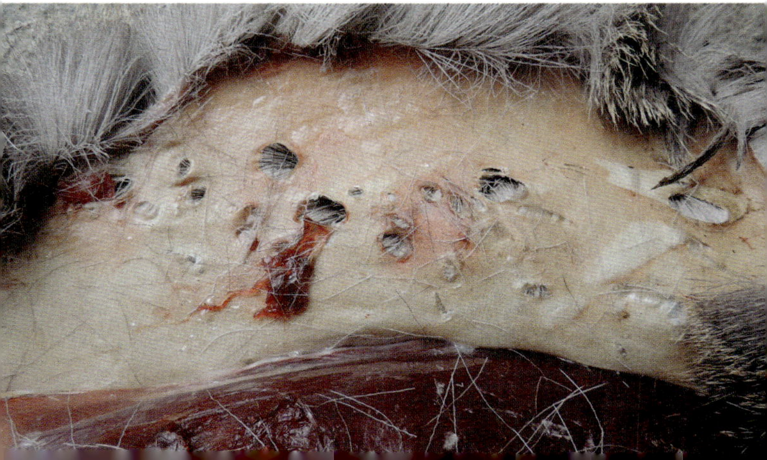

Hund und Wolf, nachdem ja der Hund vom Wolf abstammt. Auch bei Losungsproben dürfen wir uns keine „diagnostischen Wunder“ erwarten, nachdem die eigentliche Losung ja nur verdaute Nahrung (Fleisch, Knochen, Pflanzen usw.) und die Genetik auf abgeschilferte Schleimhautzellen angewiesen ist. DNA-Spuren an Rissen sind witterungsanfällig, beispielsweise sehr empfindlich gegenüber UV-Strahlung. Sind die Proben einmal konserviert (70%iger Alkohol), halten sie jahrelang.

### Rund um einen Wolfrissverdacht

Ende Februar 2021 sezierte ich ein gerissenes Schaf mit Blutspuren in der Halsgegend und angefressenem Schlögel, welches ca. 150 m oberhalb eines Bauernhofes lag. Massive Bissverletzung im Bereich des oberen Halsdrittels bis zum rechten Ohrgrund waren festzustellen. Der rechte Schlögel wurde in einer Menge von ca. 1,5 kg Muskelfleisch genutzt

Wolf am Rissort beim sezierten Schaf. (Foto: © Dominik Wildbolz)

und die Bauchhöhle war geöffnet. Vom Rissbild ergab sich der Verdacht auf einen Wolf oder einen kräftigen und „geübten" Hund. Von der Umgebung der Bisswunden wurden Tupferproben für einen genetischen Nachweis gezogen. Zusätzlich wurde vereinbart, das sezierte Schaf über Nacht liegen zu lassen und eine Wildkamera zu montieren.

Der vermutliche Täter, phänotypisch ein Wolf, erschien um ca. 18.30 Uhr für rund eine Stunde immer wieder am Rissort und gegen Mitternacht für ca. 15 Minuten, ohne aber direkt am Riss zu sein. Dieser „Fall" bestätigt wiederum den Wert von Fotofallen, selbst bei Rissen, die bereits einer Sektion bzw. Probennahme unterzogen wurden. Man kann auch den Riss unberührt lassen und in der ersten Nacht mit einer Wildkamera beobachten.

## Fallwild: Was können Jäger selbst feststellen?

*Einige Fallwildursachen sind durch den Jäger selbst zu erkennen. Spätestens bei einem Seuchenverdacht sind jedoch entsprechende Schritte (Amtstierarzt!) einzuleiten.*

Das Spektrum der regional gefundenen Fallwildursachen und Krankheitserreger hat großen Informationswert in Hinblick auf den Gesundheitsstatus einer Wildpopulation, kann man doch bei „noch gesunden" Stücken gezielt auf spezifische Anzeichen dieser Krankheiten achten und gegebenenfalls danach untersuchen. Da einige Wildkrankheiten auf Menschen übertragbar sind (Zoonosen), dienen solche Aufklärungen auch dem Selbstschutz.

An einer Sepsis (verursacht durch alten Vorderlaufschuss) verendeter Hirsch.

Eine intensive und fachkundige Auseinandersetzung der Jäger mit den Themen „Wildtiergesundheit“ sowie eine entsprechende Verantwortung für Wildpopulationen werden neben der Lebensmittelproduktion (Wildbret) zukünftig Hauptargumente für die Aufrechterhaltung der Jagd in annähernd gewohnter Art und Weise darstellen.

**Wesentliche Punkte der Fallwilduntersuchung**

- „Fallplatz“?
- Besichtigung von außen
- Alter des Stückes
- Decke und Unterhaut (Aus-der-Decke-Schlagen)
- Öffnen der Körperhöhlen
- Beurteilung der Brust- und Bauchorgane
- Beurteilung von Brust- und Bauchfell
- Besichtigen/Durchtasten/Eröffnen/Anschneiden von Organen

Schwerere Stücke müssen oft vor Ort untersucht werden, da ein Transport unmöglich ist (hier Aufklärung eines Wildereiverdachtes).

Links: Diagnose nach Aufschärfen des Weidsacks: „akute Pansenübersäuerung"; zusätzlich dunkelrote Lungenareale sichtbar (akute Lungenentzündung). Rechts: Starkes Reh neben Fütterung („geschlagener" Speichel durch Leerkauen nach zentralnervaler Störung wegen Pansenübersäuerung).

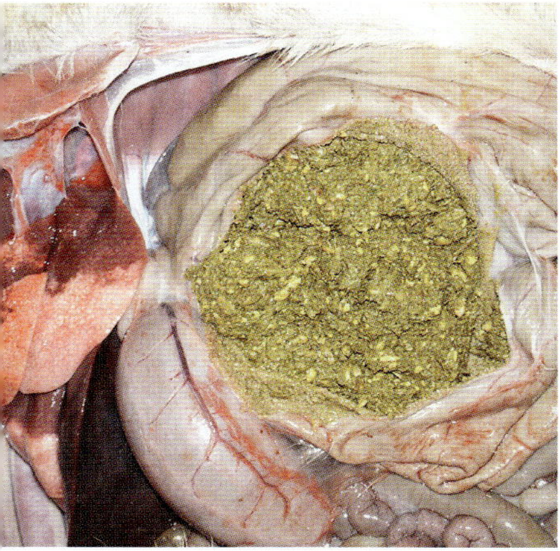

**Grobuntersuchung durch den Jäger**
Will der Jäger selbst eine grobe Untersuchung der Verendensursache durchführen, weil der Erhaltungszustand eine Einsendung nicht mehr zulässt oder eine Bergung des Stückes nicht möglich ist, so sollen zumindest drei wesentliche Merkmale beachtet werden:

- Alter des Stückes (Blick auf die Zähne oder die Trophäe bei Hornträgern): überalterte Stücke kümmern häufig, da Zahnabrieb/-verlust zu einer Mangelernährung führen.
- Unterhautgewebe (nach möglichst vollständigem Aus-der-Decke-Schlagen des Stückes) lässt allfällige Schuss-

Geforkelter Hirsch – Anzuraten ist zuerst immer ein Blick unter die Decke!

oder Forkelverletzungen, Biss- bzw. Rissverletzungen oder Verletzungen, wie z. B. durch eine Kollision mit einem Fahrzeug, erkennen. WICHTIG: Immer von außen (Besichtigung) über die Unterhaut (Aus-der Decke-Schlagen) nach innen vorgehen und nicht sofort die Bauch- bzw. Brusthöhle eröffnen und dabei mögliche Veränderungen unter der Decke übersehen!

- Aufschärfen der Körperhöhlen und von Organen: Bei Eröffnung des Weidsackes ist z. B. die häufige Verendensursache „akute Pansenübersäuerung" abzuklären.

Nach dem Eröffnen von Bauch- und Brusthöhle und ev. Brechen der Federn ist ein guter Überblick möglich.

# 4. WILDSEUCHEN

## Afrikanische Schweinepest (ASP)

*Nachdem mit Auftreten der ASP in Deutschland im Herbst 2020 ein weiteres Nachbarland Österreichs betroffen ist und es zudem Jagdreisende/-gäste, Pächter und Abschussnehmer in den derzeit betroffenen Gebieten in Osteuropa und mittlerweile in Belgien gibt, müssen unbedingt entsprechende Biosicherheitsmaßnahmen bei der Jagd eingehalten werden.*

### Biosicherheit bei der Jagd

Die jeweilig auszuwählenden Maßnahmen sind auch abhängig von örtlichen Gegebenheiten, wie Nähe zu einem Seuchengebiet, Schwarzwild- und Hausschweinedichte oder topografischen Verhältnissen. Aus Gründen der Übersichtlichkeit werden die Biosicherheitsmaßnahmen bei der Jagd in Unterkapitel aufgeteilt. Im Falle eines tatsächlichen ASP-Ausbruches werden die Maßnahmen ohnedies über die regional angepassten Alarm- und Krisenpläne exakt vorgegeben. Für Gebiete außerhalb der Zonen sollten aber von den Jägern unbedingt auch jetzt schon entsprechende Biosicherheitsmaßnahmen eingehalten werden, zumal von der Jagd zahlreiche Risikofaktoren hinsichtlich der Einschleppung von ASP ausgehen können!

### Wo und wie lange findet sich ASP-Virus?

In der folgenden Tabelle finden sich Möglichkeiten und Dauer von ASP-Übertragungsrisiken (n. GUBERTI et al., 2018).

| Infektions-quelle | Dauer der Ausscheidung bzw. Infektiösität | Anmerkung |
|---|---|---|
| Maul- und Nasensekret von (Wild) Schweinen | 2–4 Tage lang Ausscheidung, bereits vor klinischen Symptomen | verantwortlich für **direkte Infektionen** |
| Blut | 2–5 Tage nach Infektion nachweisbar, Virus überlebt im Blut 15 Wochen bei Raumtemperatur, monatelang bei 4 °C | zugleich mit klinischen Symptomen, **wichtige Infektionsquelle!** |
| Aufbrüche | monatelang bei tiefen Temperaturen | **Risiko: Aufbrechen im Revier** |
| rohes Fleisch, Organe | Virus überlebt mehr als 3 Monate im Rohfleisch, ein Jahr in Trockenfleisch oder Fett, jahrelang in Gefrierfleisch | **wichtige Infektionsquelle!** |
| Fallwild, Kadaver | abhängig von Umgebungstemperatur, bei Frost oder in Knochen (auch bei höheren Temperaturen) monatelang | **wichtige Infektionsquelle! Sichere Kadaverentfernung!** |
| Losung und Harn | temperaturabhängig; Losung bei 4 °C ca. 8 Tage, bei 21 °C 5 Tage; Harn bei 4 °C 15 Tage, bei 21 °C 3 Tage | Risiko der **indirekten** Übertragung bei **Kirrungen / Fütterungen** |
| Boden | Risikobereich ist der Boden unter dem geborgenen Fallwild, Risikodauer temperaturabhängig, im Winter länger | noch Forschungsbedarf; **Vergrämung** an Fallorten |
| Aaskäfer | können Virusmaterial tragen, Risiko unbekannt | noch Forschungsbedarf |
| Fliegen und Zecken | der Wadenstecher (*Stomoxys calcitrans*) kann Viren mechanisch übertragen; Zecken als Überträger in Europa unbedeutend | noch Forschungsbedarf |

| Infektions-quelle | Dauer der Ausscheidung bzw. Infektiösität | Anmerkung |
|---|---|---|
| Jagdutensilien | Schuhe, Messer, Kleidung usw. | **Risiko für Fern-übertragungen!** |
| Speisereste, Küchenabfälle | ein Jahr in Trockenfleisch oder Fett, jahrelang in Gefrierfleisch | **Risiko für Fern-übertragungen!** |
| Futtermittel, Gras | können kontaminiert sein | Übertragungs-möglichkeit auf **Hausschweine** |
| Lebende (Wild-) Schweine | Strenge Bestimmungen; auf Wildschweinetransporte verzichten | **Risiko für Fern-übertragungen!** |

Grundsätzlich sollte jedes Stück Schwarzwild als möglicherweise infiziert angesehen und dementsprechend gehandelt werden.

## Biosicherheit Einzeljagd

- Am erlegten Stück Schwarzwild haben Jäger auf verdächtige Symptome (z. B. punktförmige Blutungen in Nieren, Harnblase oder am Kehldeckel, vergrößerte bzw. blutige Lymphknoten oder vergrößerte Milz, Milzrandinfarkte, Flüssigkeit in Brust- und Bauchhöhle) zu achten sowie besondere Vorkommnisse (erhöhte Fallwildzahlen oder Symptome wie abgemagerte Stücke bzw. Verhaltensänderungen, z. B. Suhlen am Tage) sind nach Erlegung umgehend dem zuständigen Amtstierarzt zu melden.
- Meldung von Fallwild (Schwarzwild) an den zuständigen Amtstierarzt, ggf. auch über die Verordnungsgebiete hinaus – seuchensichere Entsorgung in Absprache mit dem Veterinäramt.

- Kontamination von Jagdausrüstung, Schuhen/Stiefeln, Kleidung, Fahrzeugen und Geräten mit Blut (Schweiß) möglichst vermeiden, Händewaschen und -desinfektion nach Wildschweinkontakten.
- Aufbrüche von Schwarzwild seuchensicher entsorgen (dichte Behälter, Säcke …).
- Aufbrüche von Wildschweinen dürfen nicht als Kirrungen für Schwarzwild verwendet werden, auch nicht für Luderplätze für Füchse.
- Reinigung und Desinfektion von Messern, Stiefeln und Waschen der Kleidung bei mindestens 40 °C mit Waschpulver.
- Reinigung und Desinfektion der für den Wildtransport verwendeten Fahrzeuge und Wildwannen.
- Eine verstärkte Bewusstseinsbildung und Schulungen für Jäger und Landwirte sind nötig. Besonders achtsam müssen Jäger sein, die zugleich Landwirte sind und Hausschweine halten (z. B. kein Aufbrechen von Schwarzwild im Hofbereich!).
- Achtung an Kirrungen > Kontamination des Schuhwerkes: Wenn auch nur rund 10 % der Losung von infizierten Sauen erregerhaltig sind, ist zu bedenken, dass die Losungsdichte um Kirrungen sehr hoch ist; Überlegungen zur Notwendigkeit einzelner Kirrungen.
- Kein Verfüttern von Wildbret- oder Speiseabfällen an Schweine (ist ohnedies verboten!).

Auf kontaminierten Messern und Stiefeln ist das ASP-Virus wochenlang aktiv – deshalb im Anschluss desinfizieren! Und unbedingt Handschuhe verwenden – auch zum Selbstschutz (z. B. Hepatitis E, Brucellose)!

---

Aufbrüche von Schwarzwild sollten auch außerhalb von Seuchengebieten unschädlich entsorgt werden (nicht mehr direkt im Revier aufbrechen!).

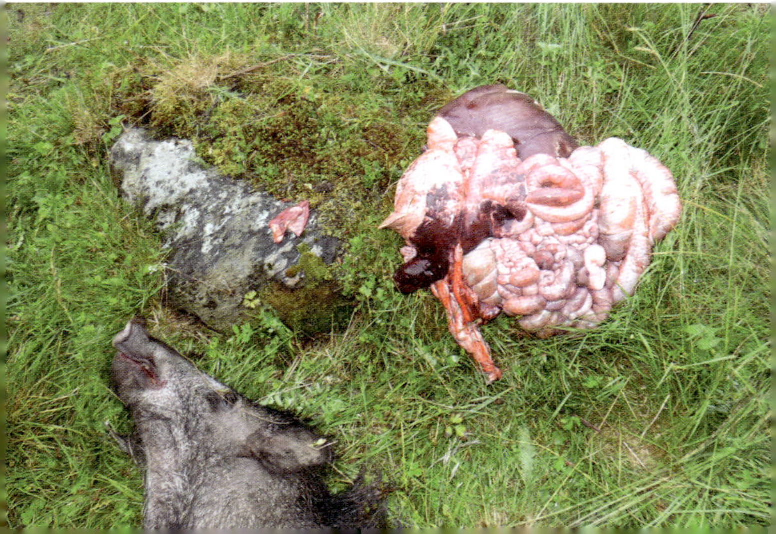

## Biosicherheit Bewegungs-/Gesellschaftsjagd

- Zusätzlich zu den im Rahmen der Einzeljagd zu berücksichtigenden Biosicherheitsmaßnahmen kommen weitere spezifische Maßnahmen dazu:
- Wenn möglich, zentrale Aufbruchplätze einrichten, Betreten der Aufbruchplätze nur von wenigen Personen.
- Aufbrüche von Schwarzwild seuchensicher entsorgen (z. B. TKV-Container am Aufbruchplatz).
- Stiefeldesinfektion und Desinfektion der verwendeten Geräte bei Verlassen des Aufbruchplatzes.
- Plätze für die Streckenlegung sollten so gewählt werden, dass sie nach der Streckenlegung nicht von Schwarzwild aufgesucht werden können.
- Reinigung und Desinfektion der für den Wildtransport verwendeten Fahrzeuge und Wildwannen.
- Mitnahme von unbehandelten Trophäen oder Wildbret durch die Schützen nur nach Absprache mit dem örtlich zuständigen Amtstierarzt.

## Biosicherheit Jagdreisen

Zusätzlich zu den im Rahmen der Einzeljagd sowie Bewegungs-/Gesellschaftsjagd zu berücksichtigenden Biosicherheitsmaßnahmen kommen weitere spezifische Maßnahmen dazu:

- Bei der momentanen Seuchensituation ist bei Jagdreisen unbedingt an ASP zu denken.
- Keinesfalls dürfen unbehandelte Trophäen sowie Wildbret, Wildbretprodukte oder kontaminierte Jagdausrüstung aus Nachbarregionen von Seuchengebieten mitgenommen werden. Für Seuchengebiete gelten je nach Zone ohnedies spezielle Vorschriften.

Durch Trophäen oder Schweiß (auch in Wildkammern am Boden!) können Infektionen verschleppt werden – entsprechende Desinfektionsmöglichkeiten senken das Risiko.

- Aus seuchenhygienischen Gründen muss vor Jagdreisen in den Großraum betroffener Gebiete dringend gewarnt bzw. abgeraten werden, sollten diesbezügliche Angebote finanzielle auch noch so verlockend sein.

## Biosicherheit Wildtransport, Wildkammer, Wildbret

- Hohes Risiko der Seuchenverschleppung durch unhygienischen Transport erlegten Wildes in Privatfahrzeugen beachten, ausreichend große, desinfizierbare Wildwannen anschaffen.
- Hygienemaßnahmen in Wildkammern und Sammelstellen (Betreten nur durch Befugte, Desinfektionswanne an Ein-/Ausgängen, Informationstafeln zu Reinigungs- und Desinfektionsmaßnahmen).

- Reinigungs- und Desinfektionsmöglichkeit für Wildwannen, Messer und Sägen schaffen.
- Entsorgungscontainer für Aufbrüche, Organe und tierische Abfälle.
- Bei zukünftiger Untersuchungspflicht: Freigabe des Wildbrets erst nach Vorliegen eines negativen Ergebnisses der Untersuchung auf ASP, unverwechselbare Kennzeichnung.

## PARATUBERKULOSE – HÄUFIGER ALS VERMUTET!

*Bei der Paratuberkulose handelt es sich um eine weltweit zunehmende Infektionskrankheit der Haus- und Wildwiederkäuer. Folgende Übersicht stellt die Paratuberkulose vor und vergleicht sie auch mit der Tuberkulose.*

In Österreich ereigneten sich bis zur Jahrtausendwende bei Rindern, Schafen und Ziegen und bei Gatterwild sowie vereinzelt bei Rotwild aus freier Wildbahn Fälle von Paratuberkulose. Ab dem Jahr 2002 häuften sich Befunde bei Wildtieren. Paratuberkulose ist eine weltweit verbreitete, ansteckende, chronische Darmerkrankung besonders der Wiederkäuer, die durch *Mycobacterium avium* subsp. *paratuberculosis* (Kurzform: *Map.* bzw. *Mycobacterium paratuberculosis*) hervorgerufen wird. Das Wirtsspektrum der Paratuberkulose umfasst außer Wiederkäuern auch Pferd, Hund, Schwein, Esel, Geflügel, Primaten, Fuchs, Dachs, Großes und Kleines Wiesel, Hasen, Kaninchen, Rabenvögel, Ratten und Waldmäuse, die jedoch in der Regel nicht klinisch erkranken, sondern als Ausscheider auftreten können. Beim Menschen wurde *Map.* bei Morbus Crohn (chronische Darmentzündung) isoliert, ein Zusammenhang zwischen Paratuberkulose und Morbus Crohn konnte aber bislang noch nicht schlüssig bewiesen werden.

### Infektion

Der Erreger wird vorwiegend über Kot/Losung (bis 100 Mio. Erreger pro Gramm!) ausgeschieden, die Infektion erfolgt vor allem durch orale Aufnahme der Erreger meist schon in den ersten Lebenswochen. Der Erreger kann in der Umwelt über ein Jahr überleben. Die Inkubationszeit (Zeitraum von der Infektion bis zum Ausbruch von Krankheitserscheinungen) beträgt beim Rind mindestens 2 Jahre, kann aber bis zu 10 Jahre dauern. Bei Wildtieren dürfte nach bisherigen Erfahrungen die Inkubationszeit kürzer sein. Ich selbst habe z. B. auch Erkrankungsfälle bei 4–6-monatigen Kitzen und Kälbern von Reh-, Gams- und Rotwild untersucht.

An Paratuberkulose erkrankte Gamsgeiß – noch lebend, aber völlig entkräftet.

Paratuberkulose bei 4-jährigem Rothirsch (Wildbretgewicht 55 kg) und einem Schmaltier (Wildbretgewicht 22 kg), erlegt am 27. August 2002 (teilweise noch im Winterhaar!).

## Krankheitsbild

Folgende Symptome konnten bei erkrankten Tieren festgestellt werden: Abmagerung, vergrößerte Darmlymphknoten, Durchfall (ca. 15–20 % der Fälle), verzögerter Haarwechsel, verspätetes Verfegen, abnormer Geruch bei frisch verendeten oder erlegten Tieren, Lebergranulome (stecknadelkopfgroße Abszesse), Lungenveränderung, Ödeme im Bereich des Darmtraktes sowie Bauchwassersucht. Es war auch zu beobachten, dass Jagdhunde wegen des abnormen Geruches den

Bei Wildtieren tritt nur bei einem Teil der Erkrankten Durchfall auf, bei erkrankten Rindern immer.

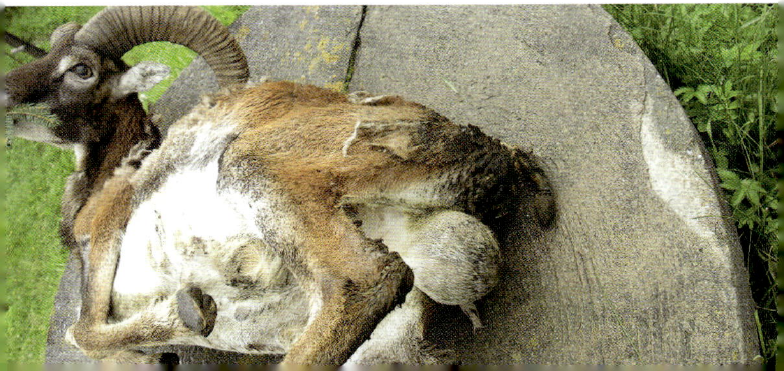

8-jähriger Steinbock mit Paratuberkulose, 35 kg unaufgebrochen!

näheren Kontakt zu erlegten/verendeten kranken Stücken weitgehend mieden.

## Vermutete Ursachen

Als Ursachen für die Häufung klinischer Fälle ab dem Jahre 2002 werden allgemein Fütterungen (Massierung von Tieren), Mängel in der Fütterungshygiene (unhygienische Bodenvorlage von Futtermitteln), Rotwildhaltung in Wintergattern und der Zukauf von (Gatter)Wild sowie die starke Zunahme der Mutterkuhhaltung und Rinderimporte (besonders der Rasse Limousin aus Westeuropa) mit einer Anreicherung der Erreger in der Umwelt vermutet. Auch Hitzestress und Wassermangel (wie 2003 und 2013) oder eine fütterungsbedingte chronische Pansenübersäuerung (wirkt immunsuppressiv) durch zu hohen Kraftfutteranteil sowie schwere Parasitosen können bei Wildwiederkäuern zusätzliche prädisponierende Faktoren für das Auftreten von Paratuberkulose sein. Wildtiere können nicht nur von Haus-

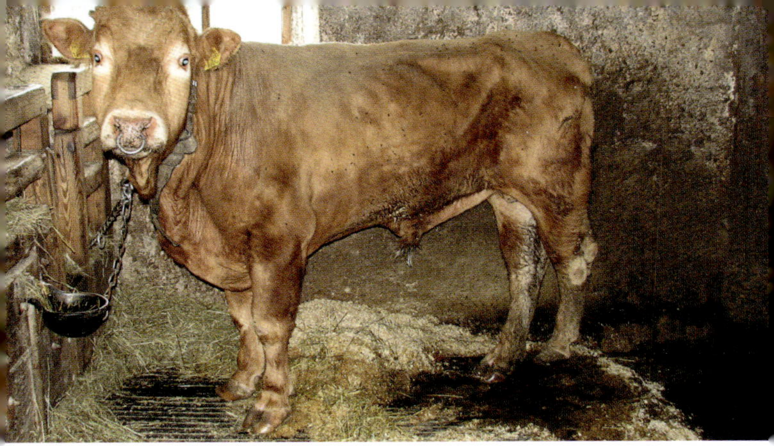

Erkrankter Limousinstier mit unstillbarem Durchfall – bei Rindern, Schafen, Ziegen und Farmwild ist ein Verdacht auf Paratuberkulose seit 2006 anzeigepflichtig.

wiederkäuern mit Paratuberkulose infiziert werden, sondern tragen offensichtlich selbst zur Verbreitung des Erregers bei.

## Übertragung Rind – Wildtier

In einem Gebiet mit massiven Paratuberkulose-Problemen bei Rindern konnte ich die Erkrankung auch bei abgemagerten Rehen nachweisen. Daraufhin wurden Erregerstämme von Haus- und Wildtieren genetisch verglichen und dabei in

Bei der Bodenvorlage wird Futter mit Losung und Krankheitserregern verunreinigt.

drei Regionen der Steiermark drei eigenständige Stämme bei Haus- und Wildtieren festgestellt, die die gegenseitige Übertragbarkeit der Paratuberkulose beweisen.

### Vorbeugungs- und Bekämpfungsmaßnahmen

1. **Fütterungshygienische Maßnahmen:** Bodenvorlage von Futtermitteln (außer auf Schnee) möglichst vermeiden; mehrmaliges Entfernen der Losung aus dem Fütterungsbereich während der Fütterungsperiode und Kalken des Fütterungsbereiches nach Fütterungsende; Reinigungsschnitte im Fütterungsbereich mit Entfernung des Mähgutes (UV-Licht gelangt bis zum Boden und kann Erreger abtöten).
2. **Jagdliche/landwirtschaftliche Maßnahmen:** Abschuss und die Untersuchung aller krankheitsverdächtigen Tiere; regionale Reduktion von Wildbeständen nach Häufung von Krankheitsfällen; möglichst frühzeitige Abschusserfüllung; stark reduzierter Jagddruck ab November; erhöhter Jagddruck im Bereich von kontaminierten Weidegebieten/Äsungsflächen (Lenkungseffekt!).

Kranke und krankheitsverdächtige Tiere und Aufbrüche müssen seuchensicher entsorgt werden. Die Abklärung sämtlicher Verdachtsfälle, ein flächendeckendes Paratuberkulose-Monitoring unter Einbindung unverdächtiger Stücke würde über die regionale Verbreitung der Paratuberkulose bei Wildtieren Aufschluss geben.

Seit 2006 ist die Paratuberkulose bei Rindern, Schafen, Ziegen und bei Farmwild in Österreich eine anzeigepflichtige Tierseuche. Eine Behandlungsmöglichkeit gegen Paratuberkulose gibt es auch bei Haustieren nicht.

**Einige Unterschiede zwischen Paratuberkulose und Tuberkulose**

| Paratuberkulose | Tuberkulose |
|---|---|
| Krankheit betrifft fast ausschließlich den (Dünn-)Darm | Krankheit in fast allen Organen, am Brust- und Bauchfell, der Haut usw. möglich |
| Hauptsymptom rasche Abmagerung, z. T. Durchfall, keine Abszesse (nur Granulome) | fast immer Abszesse in Organen/ Lymphknoten, Abmagerung, Husten |
| vermutlich nicht auf den Menschen übertragbar (Diskussion Morbus Crohn) | auf den Menschen übertragbar (Zoonose) |
| Erreger überleben ca. 1 Jahr auf Weide- und Äsungsflächen | Erreger überleben in Losung/ Kot rund 2 Wochen, im eingetrockneten Lungenschleim bis 4 Monate |
| bei Rindern, Schafen, Ziegen und Farmwild anzeigepflichtig, nur Tiersperre | Anzeigepflicht auch bei Wild; beim Nutztier Bestandssperre |
| keine sicheren Diagnosemöglichkeiten am Lebendrind | Diagnosemöglichkeiten am Lebendrind mit guter Aussagekraft |
| keine bis wenig Relevanz im internationalen Tierhandel | hohe Relevanz für den internationalen Tierhandel |

## Staupe breitet sich aus!

*Die Besorgnis über die durch Viren ausgelöste Staupe hat zugenommen. Nicht zuletzt deshalb, weil Füchse, Dachse oder Marder nach einer Infektion vollkommen die Scheu verlieren können und damit ein „Tollwutverdacht" naheliegt und weil auch Hunde infiziert werden können.*

Ausgehend von Südosteuropa breitete sich Staupe in den letzten beiden Jahrzehnten massiv aus und hat Nord- und Westeuropa erreicht. Staupe ist eine weltweit verbreitete Viruskrankheit der Fleischfresser, die hauptsächlich bei Hunden („Hundestaupe") auftritt. Weiters erkranken Dachs, Baum- und Steinmarder, Fuchs, Iltis, Wiesel, Fischotter, Waschbär, Goldschakal, Nerz, Löwen und Seehunde.

Auch bei Luchsen und Wölfen tritt vereinzelt Staupe mit klinischen Symptomen auf.

In Einzelfällen wurde Staupe auch bei Luchsen und Wölfen nachgewiesen, die sich überwiegend beim Riss von erkrankten Beutetieren infizierten. Hauskatzen können sich mit dem Virus infizieren, zeigen aber keine Symptome.

Ende der 1980er Jahre gab es infolge von Staupe ein Massensterben bei Seehunden in der Nordsee. Vor 20 Jahren beim Löwensterben in der Serengeti hat der Erreger die bislang bekannte Artenschwelle für empfängliche Tierarten übersprungen. Auch am starken Rückgang der Populationen an Großen und Kleinen Wieseln im letzten Jahrzehnt könnte Staupe maßgeblich beteiligt gewesen sein.

Das Staupevirus wird von infizierten Tieren mit Sekreten (Speichel, Nasen- und Augensekret) und Exkreten (Kot,

Links: An akuter Staupe verendete Füchse sehen oft „vollkommen gesund" aus. Rechts: Jungfuchs mit Lungenform der Staupe, geschwächt und ausgetrocknet, Fieber – direkt bei einem Wohnhaus.

Harn) ausgeschieden. Die Übertragung der Staupe erfolgt durch Kontakt mit Speichel, Nasen- und Augensekret erkrankter Tiere (Belecken, Tröpfcheninfektion, kontaminierte Nahrung). Als Eintrittspforten gelten die Schleimhäute der oberen Luft- und Verdauungswege. Junge Tiere sind empfänglicher als ältere Tiere, die auch ohne auffallende klinische Erscheinungen durchseuchen können. Das Staupevirus ist gegenüber tiefen Temperaturen relativ widerstandsfähig, bei Zimmertemperatur ist es nach 15 Stunden nicht mehr ansteckend. Bei Dachsen und Füchsen ist die Infektionsgefahr durch das enge Zusammenleben im Bau besonders hoch.

### Variables Krankheitsbild

Staupe ist eine fieberhafte, meist akut verlaufende Infektionskrankheit mit vier möglichen Krankheitsbildern: Am häufigsten sind Erkrankungen des Atmungstraktes (**„Lungenform“** der Staupe) mit Lungenentzündung, Bronchitis, eitriger Nasen- und Mandelentzündung, Augen- und Nasenausfluss, verklebten Augenlidern und verstopften Nasenlöchern. Weiters gibt es eine **Magen-/Darmform** der Staupe, bei der Erbrechen, Darmentzündung und Durchfall auftreten. Bei der **Hautform** kommt es zu Rötungen, Bläschen und Pusteln an Unterbauch, Schenkel- und Ohrinnenflächen. Bei der meist chronischen **nervalen Form** treten Muskelzittern, Bewegungsstörungen, Anfälle, Zwangsbewegungen, Lähmungen und Verlust der Scheu vor dem Menschen auf.
Die Dauer der Erkrankung schwankt je nach Verlaufsform von einigen Tagen bis zu vier Wochen. Häufig wird der Krankheitsverlauf durch bakterielle Sekundärinfektionen

verschlimmert. Eine Ausheilung klinisch erkrankter Tiere dürfte nur selten vorkommen, die Sterblichkeitsrate ist hoch.

Europaweit wird eine Zunahme von Hundestaupefällen beobachtet, dies nicht zuletzt, weil Marder und Füchse als Virusreservoire gelten. Bei Wildtieren, die infolge einer Staupeinfektion die Scheu vor dem Menschen verlieren, können Jäger eine aufklärende und beruhigende Rolle in der Bevölkerung spielen, zudem erlösen sie die erkrankten Tiere (Hegeabschuss) auch im Sinne des Tierschutzes. In Verdachtsfällen – abhängig von der jeweiligen epidemiologischen Situation in Nachbarländern – darf bei solchen Krankheitsbildern natürlich differentialdiagnostisch nicht auf die Tollwut vergessen werden.

Behandlungsmaßnahmen sind bei freilebenden Wildtieren nicht durchführbar, Hunde und Frettchen sollten vorbeugend geimpft werden. Populationseinbrüche nach Staupe-Seuchenzügen werden – wie auch nach anderen Seuchenzügen (wie Räude oder Tollwut) – von heimischen Wildtieren innerhalb weniger Jahre durch größere Würfe und höhere Überlebensraten der Jungtiere wieder ausgeglichen.

## Aujeszkysche Krankheit bei Wildschweinen und Hunden

*Die weltweit verbreitete und durch ein Herpesvirus hervorgerufene Aujeszkysche Krankheit (AK, Pseudowut, Juckseuche) hat Haus- und Wildschweine als natürliche Hauptwirte und Reservoire. Endwirte sind Hunde, Katzen, Frettchen und andere Fleischfresser sowie Rinder, Schafe und Ziegen.*

Neben dem Schwarzwild sind bei freilebenden Wildarten sporadische Fälle bei Rot- und Rehwild, Fuchs, Dachs, Fischotter, Marder, Iltis, Feldhase, Kaninchen, Ratten und Luchs beschrieben. Für Endwirte verläuft die AK meist tödlich, eine Übertragung zwischen diesen erfolgt aber nicht. Menschen sind für das Virus der AK nicht empfänglich.

Links: Suhlen am Tag weist auf Fieber hin. Rechts: Kleine Würfe deuten auf frühe Frischlingsverluste noch während der Trächtigkeit oder kurz nach der Geburt hin, die bei der Aujeszkyschen Krankheit bis 100 % betragen können.

Menschen sind für das Virus der AK nicht empfänglich. Bei Wildschweinen zeigen zahlreiche Untersuchungen in Europa, dass mit Durchseuchungsraten zwischen wenigen Prozenten bis regional über 50 % zu rechnen ist. So waren bei Untersuchungen in Österreich bei 22 % des untersuchten Schwarzwildes spezifische Antikörper gegen AK nachweisbar. Im Burgenland war zwischen den Untersuchungen im Jahr 2011 (17 % positiv) und 2015 (36 % positiv) eine deutliche Steigerung der Verbreitung der AK festzustellen; im gleichen Zeitraum halbierte sich die Schwarzwildstrecke. Hier ist naheliegend, dass die Zunahme der AK durch massive Ausfälle besonders bei Frischlingen wesentlich am Rückgang der Schwarzwildbestände beteiligt war.

Ein positiver Antikörpernachweis (körpereigene Abwehrstoffe gegen einen spezifischen Erreger) im Blut weist auf eine vorhandene Infektion hin, da das AK-Virus lebenslang im Wirt persistiert („einmal Herpes – immer Herpes"). Das liegt in der Tatsache begründet, dass sich das Herpesvirus nach akuter Infektion in das Nervensystem zurückziehen kann, wo es in einen Zustand latenter Infektion übergeht. Man denke nur an Fieberblasen beim Menschen, die auch durch (andere) Herpesviren hervorgerufen werden. Durch Einwirkung von Stressoren kann es zur Reaktivierung einer latenten Infektion kommen, die Tiere werden für einen bestimmten Zeitraum wieder zu Ausscheidern und können in der Folge andere Tiere infizieren.

### Krankheitsübertragung

Die Virusübertragung bei Wild- und Hausschweinen erfolgt

durch Tröpfcheninfektion, durch direkten Tierkontakt innerhalb der Rotte, während der Rausche (Viren lassen sich auch im Sperma der Keiler nachweisen), durch Kontakte zwischen Frischlingen und Bache, aber auch als Folge von Kannibalismus. Das AK-Virus bleibt in Speichelrückständen an verschiedenen Oberflächen 1–7 Tage infektiös und kann so auf andere Stücke übertragen werden (Kirrungen!). Gegenüber Umwelteinflüssen ist es relativ widerstandsfähig und kann vor Sonneneinstrahlung geschützt bei niedrigen Temperaturen mehrere Wochen, sogar Monate ansteckungsfähig bleiben.

### Krankheit beim Wildschwein

Eine Infektion beim Wildschwein führt bei Frischlingen nach wenigen Tagen zu Fieber, Erbrechen und Symptomen

Kontakt zu Wildschweinen oder die Aufnahme von Organen sind häufige Infektionsquellen für (Jagd)Hunde.

des Zentralnervensystems (Bewegungsstörungen, Kreisbewegungen, Schlucklähmung, Krämpfe bzw. Lähmungserscheinungen). Die Sterblichkeit bei Frischlingen liegt je nach Alter bei 50–100 %. Ältere Tiere zeigen Nasenausfluss, Fieber, Atemwegserkrankungen, Apathie und verminderte Nahrungsaufnahme. Die Sterblichkeitsrate bei älteren Tieren beträgt nur mehr wenige Prozent. Bei Bachen stehen Fruchtbarkeitsprobleme (z. B. Abortus) im Vordergrund, symptomlose Virusträger und -ausscheider sind möglich.

### Krankheit bei Endwirten

Die Endwirte Hunde, Katzen, Rinder und kleine Hauswiederkäuer sowie Wildwiederkäuer erkranken an einer Gehirn- und Rückenmarksentzündung mit zentralnervösen Erscheinungen, Speichelfluss und sehr starkem Juckreiz, wobei die Erkrankung in der Regel nach 1–3 Tagen tödlich endet. Im Unterschied zur Tollwut haben die erkrankten Endwirte starken Juckreiz, häufig auch Symptome einer Atemwegsinfektion, und einen zumeist deutlich kürzeren Krankheitsverlauf. Beim Hund ist die AK durch eine rasch fortschreitende und fatal verlaufende Gehirnentzündung gekennzeichnet. Im Gegensatz zum Schwein verbreitet sich das Virus nicht über den Blutweg, sondern über Nervenbahnen, ausgehend von der Eintrittspforte.

In den letzten Jahren ereigneten sich in Österreich, aber auch Deutschland einige dokumentierte Fälle von AK bei Jagdhunden. Die meisten erkrankten Hunde hatten im Rahmen von Schwarzwildjagden einen möglichen oder bestätigten direkten Kontakt zu erlegten Wildschweinen (z. B. am

Aufbrechplatz) oder wurden mit Organen vom Schwarzwild genossen gemacht. Kleinste Mengen von infektiösem Fleisch oder Organen reichen für eine Infektion, auch Blut (Schweiß) kann einige Tage virushaltig sein, Losung und Urin bergen nur geringes Risiko. Riskanter ist der Kontakt mit Kopf- und Genitalschleimhäuten. Eine Übertragung ist auch durch den Biss eines infizierten Wildschweines möglich oder durch Verfüttern von rohen Wildschweinprodukten (Speck, Fleisch, Organe) an Hunde. Pflanzenfresser infizieren sich sporadisch durch Aufnahme von virushaltiger Äsung.

### Schutzmaßnahmen für Jagdhunde

Der direkte Kontakt zwischen Jagdhunden und Schwarzwild sollte möglichst eingeschränkt werden: Verzicht auf das „Genossen machen" mit Organen vom Schwarzwild, Vermeiden von intensivem Kontakt zu Ein- und Ausschusswunden (besonders Lungenschweiß kann virushaltig sein), kein Anschneiden von Schwarzwild sowie kein Kontakt zu Aufbrüchen oder zu Schwarzwildstrecken. Die reine Nachsuche birgt ein geringes Infektionsrisiko, nur müssen die Hunde dann beim Aufbrechen abgelegt werden. Sie sollten auch nicht an den erlegten Stücken oder Teilen davon „scharf" gemacht werden. Wenn diese Schutzmaßnahmen eingehalten werden, ist die AK als „Berufskrankheit" von Jagdhunden mit hoher Sicherheit zu verhindern.

**Biosicherheitsmaßnahmen für Hausschweinbestände sind aktuell besonders wichtig.**

# 5. AUSGEWÄHLTE PARASITOSEN

## AUFFÄLLIGE MUSKELPARASITEN

*Beim Zerwirken einer erlegten Schmalgeiß bzw. beim Abbalgen einer Stockente fielen den Einsendern der Fotos weiße, ca. halb reiskorngroße Einschlüsse im Fleisch auf. Diese Einschlüsse lagen in Faserrichtung der Muskulatur, waren mit dem Messer leicht herauszulösen und bei guter Beleuchtung mit freiem Auge deutlich sichtbar.*

Ursache dieser Muskelveränderungen sind Sarkosporidien, Parasiten, die zu den Sporentierchen gezählt werden und in der Muskulatur leben. Beachtenswert ist in beiden Fällen der mit bloßem Auge deutlich sichtbare Befall. Im Falle dieser

Trägermuskulatur einer Schmalgeiß mit deutlichem Parasitenbefall. Die Schmalgeiß wies sonst keine Auffälligkeiten im Verhalten, an Organen oder an den nicht betroffenen Stellen des Wildbrets auf. (Foto: © F. M. Katzmann)

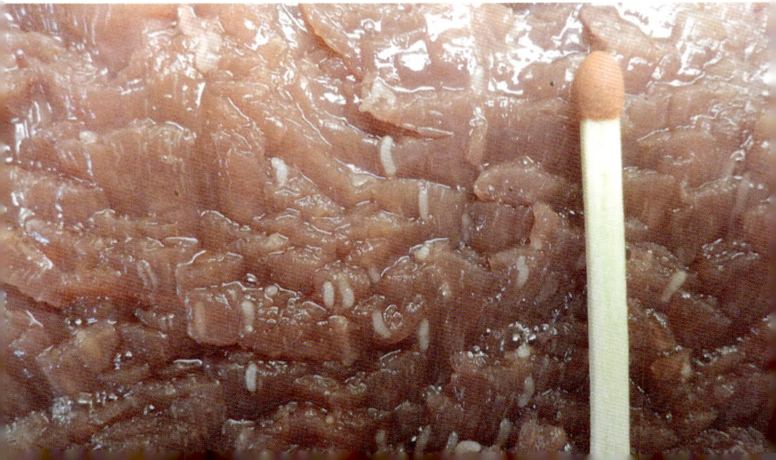

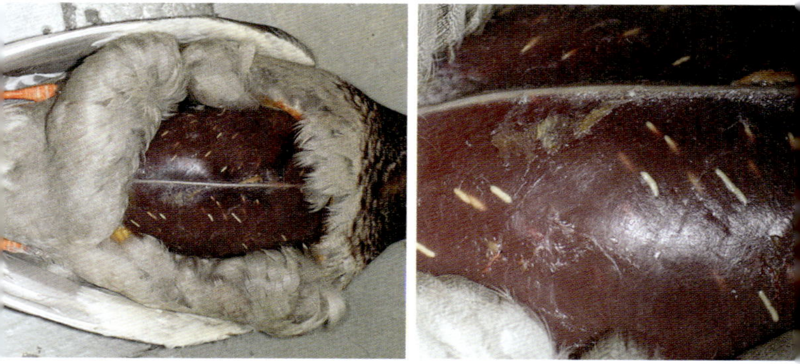

Massiver Befall eines Stockerpels mit Sarkosporidien. Auch in den tieferen Schichten der Brustmuskulatur fanden sich eingelagerte, leicht aus der Muskulatur lösbare Parasiten. (Fotos: © M. Risch)

Auffälligkeit ist es möglich, allein durch Beurteilung der Bilder eine „Ferndiagnose“ zu stellen.

Sarkozysten oder sogenannte Miescher'sche Schläuche sind meist nur mikroskopisch nachweisbar. Die in Größe und Form sehr unterschiedlichen Sarkozysten sind 0,02–10 mm lang, meist spindelförmig und weiß, gelb oder grünlich. Bei mit bloßem Auge sichtbaren Parasiten handelt es sich in der Regel um bereits abgestorbene Sarkoszysten.

Diese Parasiten kommen bei zahlreichen Wild- und Haustierarten sehr häufig vor, sind aber, wie oben angeführt, in den allermeisten Fällen nur mikroskopisch klein und damit mit freiem Auge nicht sichtbar. So wurden in mehreren Untersuchungen bei rund 70 bis sogar 100 % der Proben von Rot- und Rehwild Sarkosporidien in der Muskulatur gefunden, am häufigsten in Zunge, Zwerchfell und Herzmuskel.

In der Regel sind Pflanzenfresser Zwischenwirte, die sich durch die Aufnahme von Dauerstadien z. B. aus der Losung des Fuchses infizieren und in der Muskulatur Zysten entwickeln. Fleischfresser sind Endwirte, in deren Darmschleimhaut die Vermehrung stattfindet.

Einige Sarkosporidienarten, z. B. vom Schwein, sind auch auf den Menschen übertragbar, es handelt sich somit um Zoonoseerreger.

Wildbret von sichtbar mit Sarkosporidien infizierten Stücken ist wegen der sinnfälligen Veränderung der Muskulatur für den menschlichen Verzehr nicht geeignet.

## Grüne Verfärbung der Muskelhäute beim Rotwild

*In den letzten Jahren betrafen einige Anfragen gelbgrüne Verfärbungen unter der Decke, die beim Aus-der-Decke-Schlagen von Rotwild aufgefallen waren. Ursache ist ein Parasitenbefall, der vermutlich klimawandelbedingt zunimmt.*

Schweizer Kollegen (STEPHAN et al., 2011) konnten die Ursache dieser großflächigen, grünlichen Verfärbungen und sulzig-gallertigen Veränderungen ergründen und berichten über eine Zunahme dieser Unterhautveränderungen beim Rotwild in der Schweiz in den letzten Jahren. Nach ihren Untersuchungen ist eine im Jahr 2010 erstmals in Norwegen beschriebene Sarkosporidien-Art, *Sarcocystis hjorti*, dafür verantwortlich. In der feingeweblichen Untersuchung der veränderten Stellen wurden überwiegend Entzündungszellen und kleinräumig abgestorbenes Gewebe gefunden.

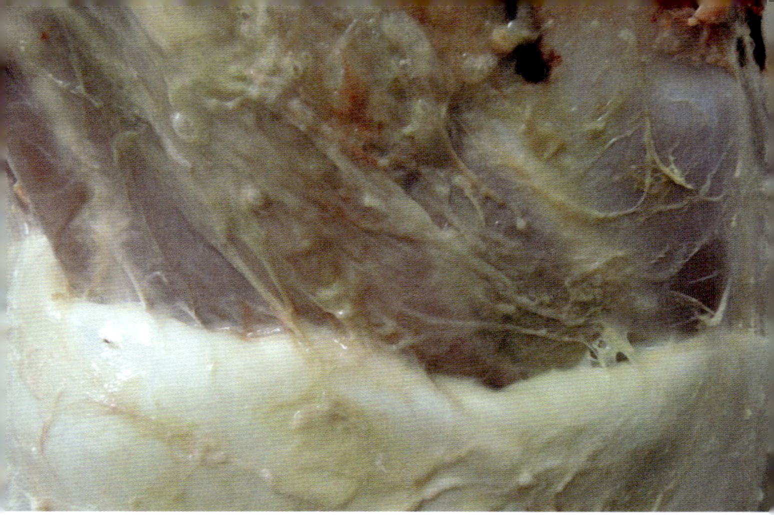

Gelbgrün-gallertige Veränderungen in der Unterhaut aufgrund eines Parasitenbefalles.

Sarkosporidien sind einzellige Parasiten, die Säugetiere, Vögel und niedere Wirbeltiere befallen. Im Zwischenwirt werden Muskelzysten ausgebildet, die vom Endwirt mit dem Fleisch aufgenommen werden. Im Darm der Endwirte entwickeln sich aus den Muskelzysten Oozyten (Parasiteneier), die mit dem Kot/Losung von Endwirten in die Außenwelt gelangen und wieder von Zwischenwirten aufgenommen werden können. Bisher sind zumindest zwei Sarkosporidien-Arten bekannt, die von Tieren auf den Menschen über z. B. unzureichend gegartes Fleisch übertragen werden können (*Sarcocystis bovihominis* und *S. suihominis*). Die meisten Infektionen beim Menschen verlaufen ohne Symptome. Bei Wildwiederkäuern sind Infektionen häufig, verlaufen aber selbst bei Infektionen des Herzmuskels meist symptomlos.

Einzelne Stücke Rotwild, die diese grünlich, sulzig-gallertigen Veränderungen in der Unterhaut und in den Muskelhäuten aufweisen, sind wegen dieser sinnfälligen

Veränderung (oft auch der darunterliegenden Muskulatur) ungeeignet für den menschlichen Verzehr und damit als untauglich zu beurteilen.

## Lungenwurmbefall bei Schalenwild

*Verschiedene Lungenwurmarten parasitieren in den Luftwegen oder im Lungengewebe von Schalenwild. Jede Wildart hat ein eigenes Spektrum von Lungenwürmern. Diese werden nach Größe, Entwicklungszyklus und Schadwirkung im Wirtstierorganismus grob in Große und Kleine Lungenwürmer eingeteilt. Während Große Lungenwürmer eine direkte Entwicklung durchmachen, entwickeln sich kleine Arten über Zwischenwirte.*

### Große Lungenwürmer

Diese weißen, fadenähnlichen Parasiten mit einer Länge von rund 4–6 cm (Männchen) bzw. 6–9 cm (Weibchen) befallen Haus- und Wildwiederkäuer. Reh- und Rotwild wird von *Dictyocaulus viviparus* befallen, Gams-, Stein- und Muffel von *D. filaria*. Beide Lungenwurmarten parasitieren in der Luftröhre und in größeren und mittleren Bronchien. Lungenwurmweibchen legen in den großen Luftwegen des Wirtstieres Eier ab, in denen sich bereits entwickelte Larven befinden. Diese schlüpfen noch im Wirtstier aus den Eiern, so dass in die Außenwelt bereits geschlüpfte Erstlarven mit Bronchialschleim ausgehustet oder mit der Losung ausgeschieden werden. In der Losung entwickeln sich die Larven vor direkter Sonneneinstrahlung und Austrocknen geschützt zu etwa 0,5–1 mm langen infektionsfähigen Larven. Diese verlassen die Losung und gelangen auf umliegende Pflanzen, mit denen sie vom Wild beim Äsen aufgenommen werden. Regen erleichtert das Ausschwemmen der Larven aus der Losung, und auf nassen Pflanzen können die Larven auch weiter aufsteigen. Besonders interessant ist eine weitere Methode der Larvenverbreitung: Larven lassen sich auch von auf der Losung wachsenden schimmelartigen Pilzen gemeinsam mit ihren Fruchtträgern über rund 20–30 cm auf umliegende Pflanzen schleudern. Die in der Losung verlaufende Entwicklungsphase der Lungenwürmer von der Erstlarve bis hin zur Drittlarve (Ansteckungslarve) verläuft bei Außentemperaturen über 20 °C innerhalb von nur 3–7 Tagen, bei niedrigeren Temperaturen über 14 Tage. Unterhalb von 5 °C stellen die Larven ihre Entwicklung ein. Larven sind gegenüber UV-Licht und Austrocknung empfindlich, weshalb im Sommer viele Larven absterben. Bei kühlerem, feuchtem Wetter überleben Larven mehrere Monate und können in milden Wintern oder unter Schnee geschützt auch überwintern. Nehmen Wildtiere Lungenwurmlarven beim Äsen auf, gelangen diese aus dem Dünndarm in die Darmlymphknoten und über die Lymph- und Blutbahn in die Lunge, um sich zu geschlechtsreifen Parasiten zu entwickeln. Bereits 3–4 Wochen später können schon wieder Larven ausgeschieden werden, wobei die Hauptausscheidungszeit zwischen Mai und August liegt und damit eine Infektionsgefahr bis in den Frühwinter gegeben ist. Im Winter reduzieren Große Lungenwürmer ihre Weiterentwicklung und Vermehrung und verfallen in eine gewisse Ruhephase (Hypobiose).

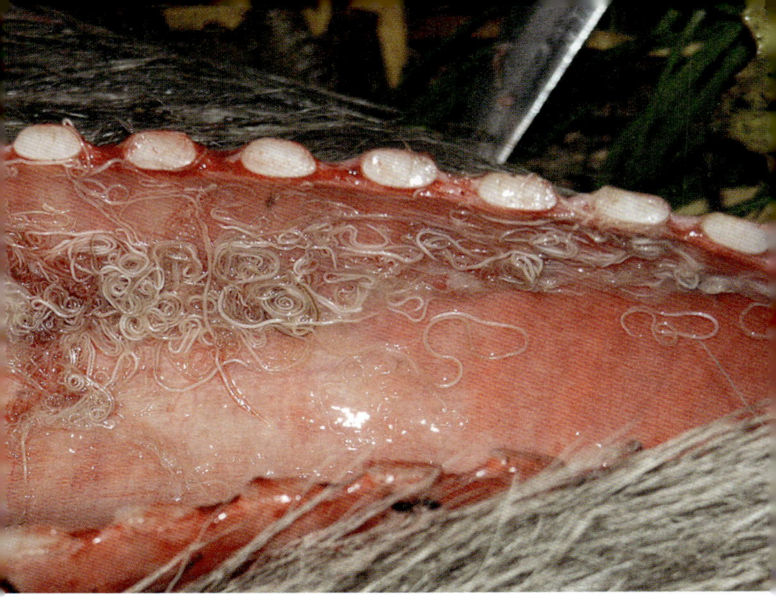

Große Lungenwürmer in der Luftröhre eines Rottieres.

Befall mit Kleinen Lungenwürmern, großknotige Lungenveränderungen (Reh), Knoten angeschnitten.

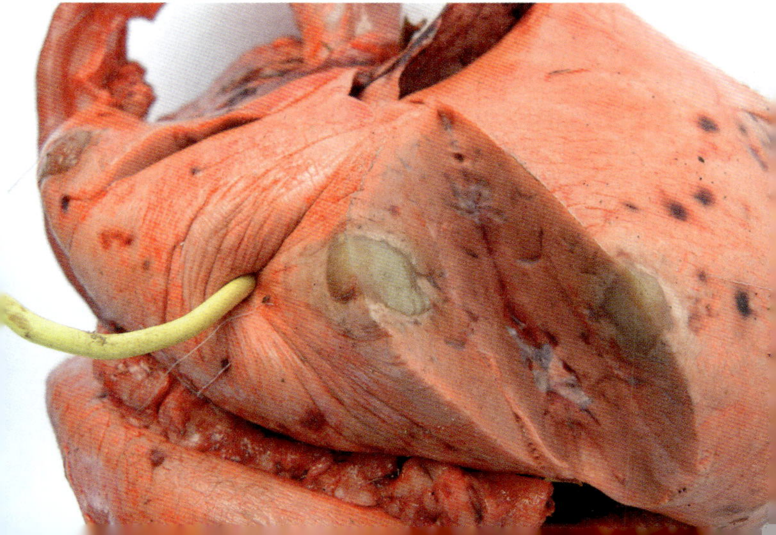

Ein Befall mit Großen Lungenwürmern verursacht bei Schalenwild Atemprobleme und meist oberflächliches Husten. Schwer erkrankte Stücken ziehen oft alleine oder dem Rudel hinterher, bereits kurze Fluchten können Atemnot oder stärkeres Husten provozieren. Durch die Schleimhautreizung sind die Luftwege anfälliger auf bakterielle oder virale Infektionen, die von Bronchitis bis zu Lungenentzündungen reichen. Lungenwurminfektionen schaukeln sich oft mit anderen Parasitosen, wie Magen-Darm-Wurmbefall, gegenseitig auf. Krankheitszeichen sind Abmagerung, verzögertes Verfärben, stumpfes, oft abstehendes Haarkleid und besonders bei Rehböcken oft geringeres Trophäenwachstum. Der Befall mit Großen Lungenwürmern wird bei erlegtem/verendetem Wild übersehen, wenn die Luftröhre und Bronchien nicht eröffnet werden.

### Kleine Lungenwürmer

Zu den Kleinen Lungenwürmern zählen einige Arten, die jeweils auf bestimmte Schalenwildarten spezialisiert sind. Rotwild wird von *Varestrongylus sagittatus* befallen, Rehwild von *V. capreoli*, bei Gams- und Steinwild parasitieren einige Arten. Sind große Lungenwürmer überwiegend in der Luftröhre und größeren Bronchien zu finden, befallen die wenige Zentimeter langen, fadendünnen kleine Lungenwürmer kleinere Luftwege und das Lungengewebe selbst, wo sie Wurm- oder Brutknoten verursachen. Das Aussehen der Knoten ist oft typisch für die jeweilige Lungenwurmart. Die stecknadelkopf- bis über haselnussgroßen, grauen bis gelben Vorwölbungen sind beim Tasten und Anschneiden von fleischiger Konsistenz.

Kleine Lungenwürmer entwickeln sich über Nackt- und Gehäuseschnecken als Zwischenwirte. Aus den Lungenwurmeiern schlüpfen Erstlarven meist schon im Wirt. Sie gelangen über die Wimpernströmung in Bronchien und Luftröhre in den Kehlkopf oder werden aufgehustet, abgeschluckt und mit der Losung ausgeschieden. Treffen diese Larven auf Schnecken, bohren sie sich in den Schneckenfuß und entwickeln sich über zwei Häutungen zu ansteckungsfähigen, ca. 0,5–0,8 mm großen Drittlarven heran. Diese können in den Zwischenwirten mehrere Monate überleben. Schalenwild nimmt die Larven beim Äsen entweder zufällig mit den Zwischenwirten oder nach ihrem Freiwerden aus abgestorbenen Schnecken auf. Nach der Larvenaufnahme dringen diese in die Darmwand ein, gelangen über Blut- und Lymphgefäße in die Lunge, wo der Zyklus erneut beginnt und nach 3–6 Wochen schon wieder Larven ausgeschieden werden. Erwachsene Kleine Lungenwürmer können in der Lunge mehrere Jahre überleben und haben im Winter keine Ruhephase, d. h. es können ganzjährig Larven ausgeschieden werden, die auch sehr widerstandsfähig gegen Frost sind. Dies kann zu einer enormen Anreicherung von infektionsfähigen Larven auf Äsungsflächen, in Einständen und im Bereich von Fütterungen führen. Regional zeigen bis 100 % der über einjährigen Stücke bei Reh- und Gamswild einen Befall mit Kleinen Lungenwürmern. Lungenwurmerkrankungen mit tödlichem Ausgang sind bei Reh- und Gamswild keine Seltenheit.

Ein geringer Befall mit Kleinen Lungenwürmern verläuft meisten symptomlos. Ein stärkerer Befall, meist bei Jungwild, führt zu verzögertem Verfärben, Husten, Atembeschwerden, Abmagerung, Nasenausfluss (besonders bei Gamswild) und bei Rehböcken zu gestörter Geweihbildung. Durch bakterielle oder virale Infektionen der vorgeschädigten Lungen kann es besonders beim Gamswild häufig zu oft eitrigen Lungen- und Brustfellentzündungen kommen, die häufig tödlich enden. Durch wandernde Lungenwurmlarven werden Bakterien aus dem Lungenschleim der Bronchiolen in das Lungengewebe eingebracht und verursachen dort Lungenentzündungen. Der Befall mit Kleinen Lungenwürmern ist am erlegten/verendeten Wild im Zuge des Aufbrechens/der Sektion leicht an den typischen Wurmknoten erkennbar. An Lungenentzündung erkrankte Lungenteile sind meist

Links: Wurmknoten von kleinen Lungenwürmern und beginnende Lungenentzündung. Rechts: Mikroskopischer Schnitt durch einen Lungenwurmbrutknoten mit angeschnittenen Lungenwurmlarven. (Foto: © AGES Mödling)

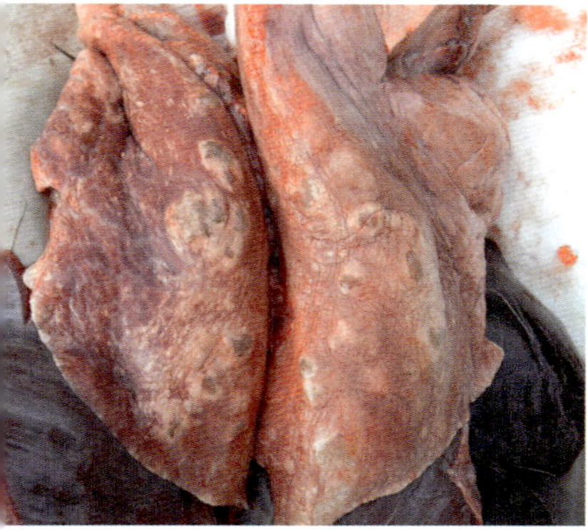

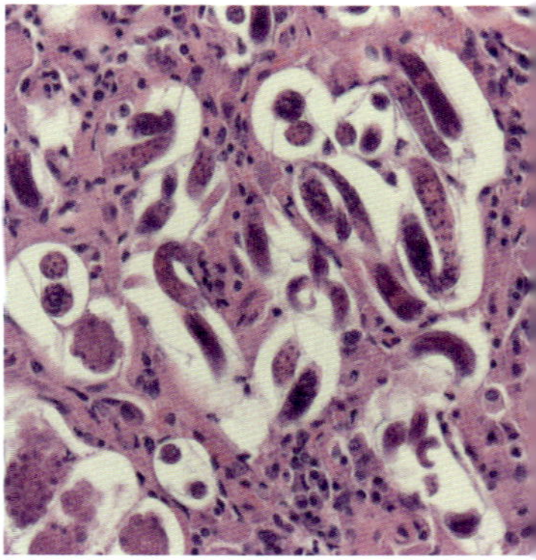

dunkler als das gesunde Nachbargewebe und fühlen sich derb-fleischig an – gesundes Lungengewebe ist rosa und puffig-weich. Auch beim Anschneiden erkrankter Lungenteile sind die angeschnittenen Stellen fester als gesundes Lungengewebe. Im Falle einer Rippen-/Lungenfellentzündung lässt sich die Lunge beim Aufbrechen nicht leicht und komplett aus der Brusthöhle entfernen.

## Grosser und Kleiner Leberegel

*Großer und Kleiner Leberegel sind nicht nur wegen ihrer Lebensweise und Entwicklung interessant, sie sind in seltenen Fällen auch auf den Menschen übertragbar.*

Die Leberegelerkrankung, hervorgerufen durch den Großen oder Kleinen Leberegel ist eine zumeist chronisch verlaufende Erkrankung. Diese flachen Saugwürmer kommen vor allem bei Wild- und Hauswiederkäuern sowie Feldhasen und seltener bei Wildkaninchen, Schweinen, Pferden oder Hunden vor. Eine wechselseitige Übertragung zwischen Haus- und Wildtieren ist bei beiden Leberegelarten auf gemeinsam genutzten Weide-/Äsungsflächen möglich. Klimawandelbedingt scheint das Gamswild vermehrt mit diesem Parasiten konfrontiert zu werden.

Erwachsene Egel leben in den Gallengängen der Leber. Ein geringer Befall wird symptomlos vertragen. Stärkerer Befall führt zu Leberschädigungen. Die typischen Krankheitssymptome, hervorgerufen vor allem durch den Großen Leberegel, sind Abmagerung, Durchfall, stumpfes und struppiges Haarkleid sowie Blutarmut und Gelbsucht, aber auch

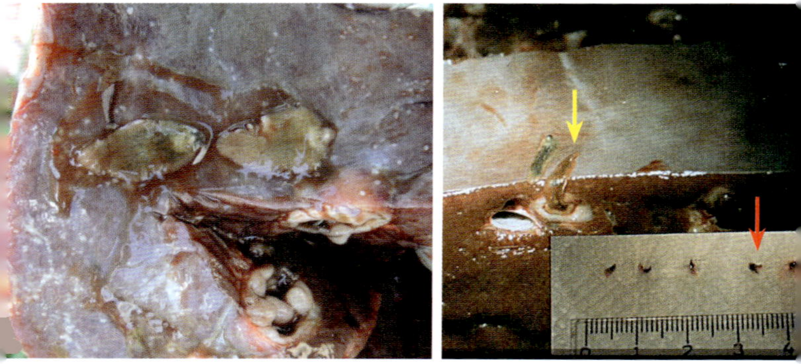

Links: Angeschnittene Gamsleber mit verdickten Gallengängen und zwei Großen Leberegeln. Rechts: Doppelbefall mit Großen (gelber Pfeil) und Kleinen Leberegeln (roter Pfeil).

Ödeme (Flüssigkeitsansammlungen) im Kehlgangsbereich. Massive Schädigungen des Lebergewebes durch wandernde Jungegel können in Einzelfällen auch zur Bildung von Abszessen führen. Seltener können Todesfälle auftreten, dies vor allem bei Muffelwild und Hausschafen. Die befallenen Gallengänge sind beim Muffelwild oft extrem verdickt und teilweise verkalkt, was an einem „Knirschen" beim Anschneiden der Leber zu hören ist.

Durch Anschneiden der Leber quer zu den Gallengängen ist ein Leberegelbefall leicht erkennbar. Einerseits sind die Gallengänge verdickt und andererseits ist die Gallenflüssigkeit nicht olivgrün, sondern braungrün und flockig, zudem sind meist auch einzelne Leberegel aus den Gallengängen ausdrückbar.

### Unterschiedliche Entwicklung

Die von den erwachsenen Egeln in den Gallengängen abgelegten Eier gelangen über die Galle in den Darm und werden mit der Losung ausgeschieden. Große Leberegel entwickeln sich über einen, Kleine Leberegel über zwei Zwischenwirte. Die Entwicklungsgeschwindigkeit ist stark temperaturabhängig. In den Zwischenwirten erfolgt eine ungeschlechtliche Vermehrung, sodass aus einem Ei hunderte bis tausende Schwanzlarven (Zerkarien) entstehen. Die Zerkarien werden von den Endwirten zufällig beim Äsen aufgenommen, Jungegel gelangen in die Leber, worauf der Entwicklungszyklus erneut beginnt.

| **Großer Leberegel** (*Fasciola hepatica*) | **Kleiner Leberegel** (*Dicrocoelium dendriticum*) |
|---|---|
| 2–5 cm lang, lorbeerblattähnlich | 0,5–1,5 cm x 1–3 mm, lanzettförmig, transparent |
| Eier reifen im Wasser | Eier enthalten bereits Wimperlarven |
| 1 Zwischenwirt (Zwergschlammschnecke) | 2 Zwischenwirte (Landschnecken, Ameisen) |
| unter +10 °C keine Weiterentwicklung, aber Eier überleben Monate | Wimperlarven sehr hitze-, kälte- und trockenheitsresistent, bis 20 Monate infektiös |
| Entwicklung dauert rund 2 Monate | Entwicklung dauert rund 6 Monate |

Für den Großen Leberegel ist die Zwergschlammschnecke, auch „Leberegelschnecke“ genannt, der Zwischenwirt. In der Schnecke entwickeln sich aus Wimperlarven zahlreiche

Schwanzlarven. Diese verlassen aktiv die Schnecke und haften sich dicht unter der Wasseroberfläche an Pflanzen, wo sie sich abkapseln und infektiös werden, bis sie zufällig von Endwirten mit der Äsung aufgenommen werden. Nach dem Verlassen der Kapsel bohren sich die jungen Leberegel durch die Wand des Zwölffingerdarms und gelangen so in die Leber, deren Gewebe sie während 6–8 Wochen durchwandern (Wanderphase), bis sie in die Gallengänge durchbrechen und geschlechtsreif werden. Große Leberegel legen täglich bis 120.000 Eier, die nun wiederum mit der Losung an die Außenwelt gelangen, wo ein weiterer Entwicklungszyklus mit dem Schlupf von Wimperlarven wieder seinen Anfang nimmt.

Der Kleine Leberegel oder Lanzettegel benötigt verschiedene Landschneckenarten und zusätzlich Ameisen als zweiten Zwischenwirt für seine Entwicklung. Die Eier mit bereits voll entwickelten Wimperlarven gelangen mit der Losung in die Umwelt, wo sie von Schnecken aufgenommen werden. In deren Darm schlüpfen die Wimperlarven und vermehren sich ungeschlechtlich in 3–4 Monaten zu Schwanzlarven (Zerkarien), die zur Atemhöhle der Schnecke wandern, wo sie mit einer Schleimhülle umgeben werden. Mehrere hundert Zerkarien bilden gallertartige Schleimballen, die nun von der Schnecke ausgestoßen und von Ameisen aufgenommen werden. Innerhalb von 1–2 Monaten entwickeln sich deren Leibeshöhle infektiöse Larven. Einzelne Larven wandern ins Unterschlundganglion („Gehirn") der Ameise, was das Verhalten der Ameise verändert. Statt nachts in

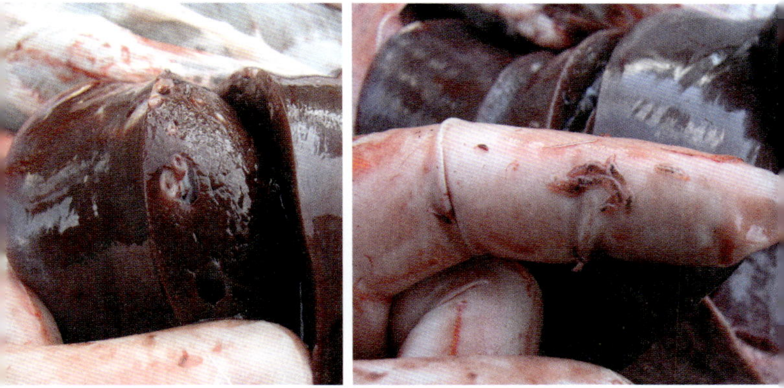

Befall mit Kleinen Leberegeln: Links verdickte Gallengänge und rechts mehrere Kleine Leberegel (8–10 mm lang und 1,5–2,5 mm breit).

den Ameisenhaufen zurückzukehren, verbeißt sie sich an der Spitze einer Äsungspflanze (oft Blüten), wo sie nun von einem Endwirt samt infektiösen Schwanzlarven aufgenommen wird. Über den Hauptgallengang wandern die Larven in die Leber ein, gelangen in kleinere Gallengänge, wo sie geschlechtsreif werden und wieder mit der Eiablage beginnen. Die Reizung der Gallengänge führt zu vermehrter Schleimbildung und chronischer Gallengangsentzündung, in schweren Fällen auch zu Leberzirrhose. Meist verläuft der Befall mit Kleinen Leberegeln aber symptomlos.

Befallene Lebern sind für den menschlichen Verzehr untauglich. Sonstige essbare Organe und das Wildbret sind genusstauglich, sofern keine weiteren Auffälligkeiten (z. B. starke Abmagerung, Gelbsucht, Abszessbildung, entzündliche

Veränderungen von Bauchfell, vermehrte Bauchhöhlenflüssigkeit oder umfangreiche Verklebungen der Bauchhöhlenorgane) vorliegen.

## Wild entwurmen?

*Obwohl der Arzneimitteleinsatz bei Wild in freier Wildbahn in Österreich seit 2003 verboten ist, wird noch immer mit dem Gedanken gespielt, Wild zu entwurmen.*

Dazu ist anzumerken, dass es sich bei Parasitosen überwiegend um Faktorenkrankheiten handelt und es keine parasitenfreien Tiere gibt. Das bedeutet, dass neben dem Parasitenbefall für die Entstehung klinischer Symptome am Wirtstier meist auch negative (Umwelt)Faktoren wie Stress, hoher Infektionsdruck, zu hohe Wilddichten, Massierung von Wildtieren an Fütterungen oder Fütterungsfehler (z. B. chronische Pansenübersäuerung, die abwehrschwächend wirkt) verantwortlich sind.

Abgesehen davon, dass es kein „Universalwurmmittel" gibt, wäre eine Entwurmung außerhalb der Schusszeiten im Winter ein falscher Entwurmungszeitpunkt und eine Entwurmung während der Schusszeit wegen Arzneimittelrückständen nicht möglich. Zudem besteht eine massive Dosierungsproblematik, und eine Entwurmung wirkt immer nur punktuell (zeitlich, örtlich), d. h. eine Ansteckung ist sofort wieder möglich. Nicht zu unterschätzen ist das Risiko von Arzneimittelrückständen im Lebensmittel „Wildbret" und die damit verbundenen negativen Auswirkungen auf das Wildbret-Image. Neben dem gesetzlichen Verbot sprechen

Die Arzneimittelanwendung bei Wildtieren ist in Österreich seit 2003 verboten. Eine Entwurmung von Wildtieren ist überdies aus parasitologischen und wildbiologischen Gründen sinnlos.

also auch fachliche Argumente gegen die Entwurmung von Wildtieren. In der Vergangenheit wurden noch dazu Präparate eingesetzt, die für die Anwendung an Wildtieren sowie für die orale Anwendung bei Wiederkäuern nicht zugelassen waren (z. B. Avermectine).

Insgesamt können negative Umweltfaktoren oder zu hohe Wilddichte sicher nicht über die – nunmehr verbotene – medikamentöse Entwurmung ausgeglichen werden. Vielmehr kommen biotopverbessernden Maßnahmen sowie dem Erreichen einer lebensraumangepassten Wilddichte eine deutlich höhere Bedeutung zu als einer zeitlich und örtlich nur punktuell wirksamen Entwurmung von Wildtieren mit allen den oben angeführten Nachteilen. An Fütterungsstandorten, wo naturgemäß die Losungs- und damit Parasitendichte hoch ist, sind fütterungshygienische Maßnahmen zu empfehlen (keine Futtervorlage am Boden, Reinigungsschnitte zur Entfernung des oft hohen Aufwuchses um die Fütterungen im Sommerhalbjahr). Damit führt UV-Licht (= Sonnenlicht) zur Austrocknung und Abtötung von Parasiteneiern und -larven. Direkte Sonneneinstrahlung hat zumindest die gleiche Wirkung wie Kalken des Fütterungsbereiches.

## „Haarseuche" bei Reh- und Gamswild

*Die sogenannte „Haarseuche" bewirkt besonders vor dem Frühjahrshaarwechsel ein Abbrechen der Winterhaare in ca. 0,5 cm Höhe, hauptsächlich an Träger, Brust und Flanken, wo erkrankte Stellen wie geschoren und heller aussehen.*

Dieses spätwinterliche Haarbruchsyndrom kommt bei Rehen, zunehmend auch bei Rot- und Gamswild vor. Zusätzlichen zu den kahlen Stellen zeigen erkrankte Stücke öfters abnormes Verhalten, wie Umherziehen auf engem Raum, plötzliches Unterbrechen des Äsens oder Beißen an den Flanken.

Über die Ursachen dieser vor rund 40 Jahren in Mitteldeutschland erstmals bei Rehen beschriebenen Krankheit bestanden mehrere Vermutungen, die von Zink- und Kupfermangel, Rapsaufnahme, Schilddrüsenfehlfunktion, Virusinfektion bis zu hoher Cadmium-Belastung (verursacht ebenfalls Zinkmangel) reichten. Heute ist davon auszugehen, dass dieser Haarbruch durch einen starken Befall mit Ektoparasiten, wie Haarlingen und Lausfliegen und den von diesen Parasiten provozierten Juckreiz ausgelöst wird. Durch Scheuern, Kratzen und Benagen brechen die Haare, die im Spätwinter brüchiger sind, ab.

Ein Befall mit diesen Parasiten sollte möglichst noch am warmen Wildkörper beurteilt werden, da die meisten

Haarseuche darf nicht mit Räude verwechselt werden. (Foto: © Gerhard Gruber)

Beim Rehwild ist das spätwinterliche Haarbruchsyndrom seit 30 Jahren häufig. (Foto: © M. Schmidt)

Außenparasiten einen abgekühlten Wildkörper eines erlegten/verendeten Stückes verlassen. Trotz des Namens „Haarseuche“ besteht keine Ansteckungsgefahr. Zu verwechseln ist die Haarseuche nur mit Hautpilzerkrankungen (wie Trichophytie), die bei Wildtieren jedoch selten auftreten. Haarseuche dürfte in Jahren bzw. bei Stücken mit verzögertem Haarwechsel häufiger zu beobachten sein.

### Haarlinge und Lausfliegen

Die ca. 3 mm großen Haarlinge leben von Hautschuppen, Haarteilen und Blut. Meist sind Haarlinge in Nestern vor allem an den Kniegelenken, im Sommer auch in der Gegend des Brustbeines nachzuweisen. Starker Haarlingsbefall ist immer ein Hinweis für andere primäre Ursachen einer generellen Schwächung (Faktorenkrankheit), wie sie beispielsweise durch hochgradigen Befall mit Innenparasiten auftritt. Die Schadwirkung besteht hauptsächlich durch die ständige Beunruhigung. Eine Übertragung von Ektoparasiten ist auch im Fütterungsbereich (z. B. Tröge, Raufen) möglich.

Neben Haarlingen sind beim Reh häufig 5–7 mm große Hirschlausfliegen zu finden. Die Weibchen sind lebendgebärend, legen also bereits verpuppungsreife Larven. Aus den Puppen schlüpfen im Herbst Lausfliegen, die, wenn sie einen entsprechenden Wirt gefunden haben, ihre Flügel verlieren und auf diesem Wirt überwintern. Die Schädigung des Wildes entsteht durch die Beunruhigung der Tiere, daneben durch geringgradige Hautverletzungen und den Blutentzug. Bei hohem Wildbestand und ungewöhnlichen klimatischen Verhältnissen kann es zu einem Massenbefall kommen.

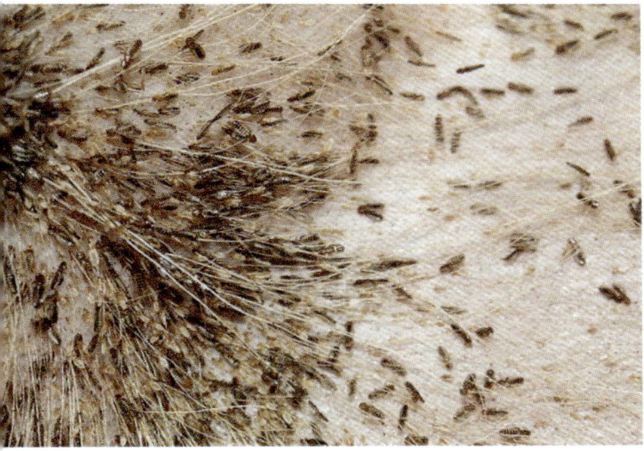

Links: Massenbefall mit Haarlingen. Rechts: Lausfliege.

## Hautdasseln beim Reh

*Bis zum Ende der Schusszeit des Rehwildes sind Hautdassellarven noch recht klein. Wird aber beispielsweise ein Reh im Februar/ März von einem Auto angefahren und für Hundefutter aus der Decke geschlagen, so findet man fast reife Larven.*

Die hummelähnliche Hautdasselfliege des Rehwildes (*Hypoderma diana*) ist 10–12 mm lang, fliegt von Mai bis August und legt ihre Eier auf Haare der hinteren Körperpartien von Rehen, Rot- und Damwild, seltener Muffel- und Gamswild ab. Nach einigen Tagen schlüpfen aus den Eiern Larven, bohren sich durch die Haut ein und beginnen ihre Unterhautwanderung in Richtung Rücken, wo sie unter der Rückenhaut ab Dezember als „Dasselbeulen" erscheinen. Während der Larvenwanderung tritt Juckreiz auf, durch Kratzen kann es zu flächiger Haarlosigkeit kommen. Das Durchschnittsgewicht befallener Rehe liegt rund 1 kg unter

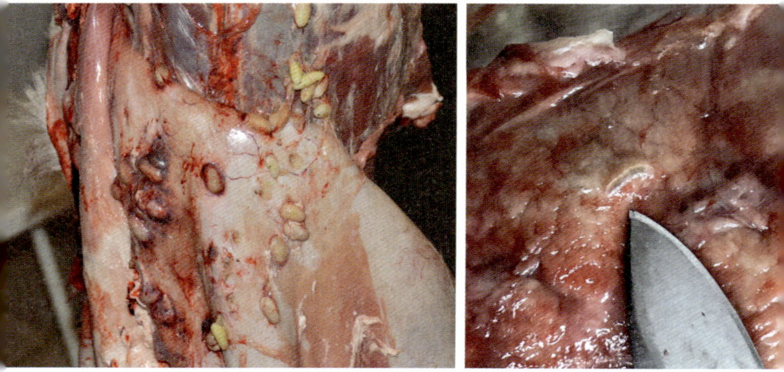

Links: Hautdassellarvenbefall bei einer am 7. 3. 2019 überfahrenen Rehgeiß. (Foto: © M. Groß) Rechts: Junge Dassellarven sind noch glasig durchscheinend.

jenem von nicht befallenen Stücken. Im März schlüpfen die Larven über die Atemlöcher durch die Haut und verpuppen sich im Boden, um ab Mai wieder als Dasselfliegen zu schlüpfen und auszufliegen.

Dassellarven findet man sowohl an der Deckenunterseite als auch am Wildbret. Auffallend sind anfangs flächenhafte, blutig-sulzige Bereiche in Unterhaut und Muskulatur, später Bindegewebskapseln (Dasselbeulen), die neben der Larve eine schleimige Flüssigkeit, seltener Eiter enthalten können sowie ein Atemloch durch die Decke.

Das Auftreten des Dasselbefalles bei Rehen scheint – zumindest was die regionale Verbreitung betrifft – zuzunehmen. Als Ursachen diskutiert werden Faktoren wie Wilddichte, Witterungs-/Klimafaktoren oder auch eine Abwehrschwäche durch fütterungsbedingte, chronische

Pansenübersäuerung, wie auch bei anderen Parasitosen bereits beobachtet. Eine Bekämpfungsmöglichkeit besteht lediglich in intensiver Bejagung mit Absenken der Wilddichte. Nach der Erlegung befallener Stücke können sich die Larven nicht weiterentwickeln, der Kreislauf ist unterbrochen (Infektionsrisiko im nächsten Jahr sinkt), und bis November sind die Wildbretschäden auch noch gering. Eine medikamentelle Behandlung (in Österreich verboten) ist wegen der Dosierungsprobleme nicht zielführend, von der Rückstandsproblematik her riskant, zudem würden die abgetöteten Larven unter der Decke absterben und zu eitern beginnen.

Bei Veränderungen der Muskulatur bzw. deutlicher Abmagerung sind befallene Stücke jedenfalls nicht geeignet für den menschlichen Verzehr, gegen den Eigenverzehr nicht befallener Teile nicht abgemagerter Rehe spricht nichts.

## Herbstgrasmilben bei Gams- und Rehwild

*Bei einer ca. 9-jährigen Rehgeiß (erlegt auf rund 1.300 m Seehöhe) und einer 15-jährigen Gamsgeiß (erlegt auf 1.200 m) fielen orangerote Beläge an den Augenlidern auf. Mittels mikroskopischer Untersuchung konnte die Verdachtsdiagnose „Herbstgrasmilbenbefall" bestätigt werden. Möglicherweise profitieren auch Herbstgrasmilben vom Klimawandel.*

Herbstgrasmilben und verwandte Laufmilbenarten haben nur als sechsbeinige Larven Bedeutung als Ektoparasiten bei Tier und Mensch, erwachsene Milben leben im und am Erdboden. Die im Boden überwinternden Weibchen legen im Frühjahr einige hundert Eier ab, woraus Larven schlüpfen.

Diese kriechen bis etwa Kniehöhe an Pflanzen hoch und warten auf Wirte, ähnlich wie Zecken. Die 0,3–0,7 mm großen Larven befallen bevorzugt bei sonnigem Wetter ihre Wirte, bleiben bis zu einer Woche, ritzen mit den Mundwerkzeugen die Haut an und nehmen dabei Gewebsflüssigkeit, Lymphe, selten auch Blut auf. Die erwachsenen, ca. 2 mm großen Milben leben räuberisch am oder im Erdboden. In klimatisch günstigen Jahren treten sie im Spätsommer, in manchen Gebieten auch im Frühjahr massenhaft auf.

Herbstgrasmilben (*Neotrombicula autumnalis*) werden recht häufig beim Rehwild gefunden. In Räudegebieten kann der Herbstgrasmilbenbefall bei Gams- oder Steinwild durch den starken Juckreiz eine beginnende Räude vortäuschen. Befallen werden weiters Kleinsäuger, Feldhase, Kaninchen,

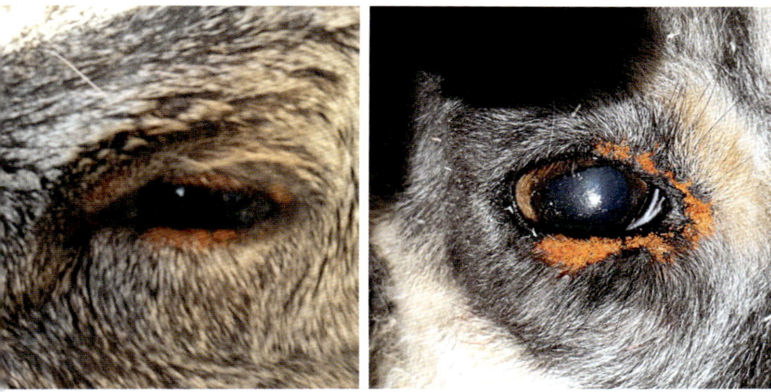

Massenbefall mit Herbstgrasmilben an den Lidern einer Reh- und Gamsgeiß. (Fotos: © T. Kurzweil / K. Matschnigg)

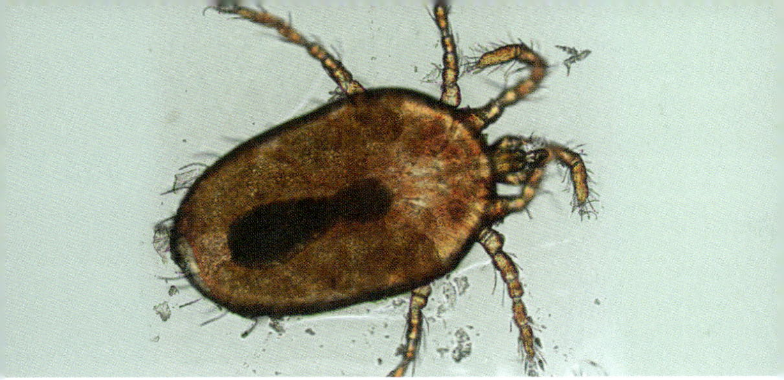

Milbenlarve unter dem Mikroskop.

Fuchs, Dachs, Fasan, Rebhuhn, von den Haustieren vor allem Hunde und Katzen.

Bei Tieren suchen sich die Herbstgrasmilben dünnhäutige, unpigmentierte Körperstellen wie den Augen- und Nasenbereich, die Ohrmuschel oder den Zwischenzehenraum aus. Größere Milbenansammlungen erscheinen als ziegelrote Flecken. Milbenlarven verursachen durch die Hautirritationen und das Saugen von Nahrung rote, runde bis ovale Quaddeln, Pusteln oder Geschwüre, oft mit Krustenbildung.

Auch Menschen können befallen werden, besonders an den Unterschenkeln. Beim Menschen zeigen sich typische, im Gegensatz zu Mückenstichen nicht erhabene und nach außen scharf begrenzte, ca. 4–5 mm große Rötungen, die stark jucken.

## Magere und „blasse" Rehe im Mai

*Abgemagertes und kümmerndes Rehwild kann besonders zu Beginn der Schusszeit einen großen Streckenanteil ausmachen. Eine der häufigsten Ursachen dafür ist ein Befall mit Magen-Darm-Würmern, wie beispielsweise mit dem Roten Magenwurm. Dieser Befall lässt sich meist sofort am erlegten/gefunden Stück bestätigen.*

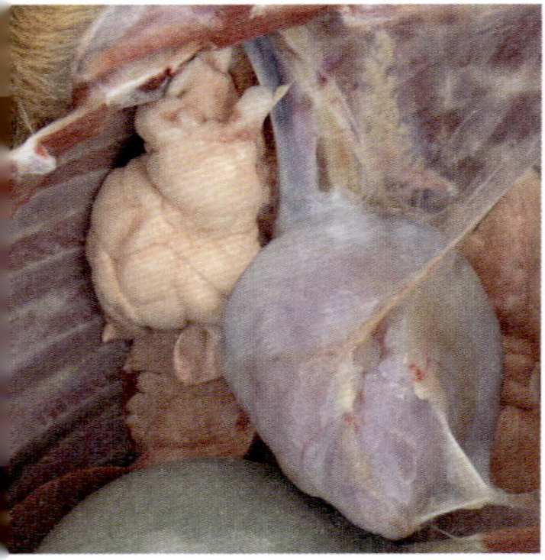

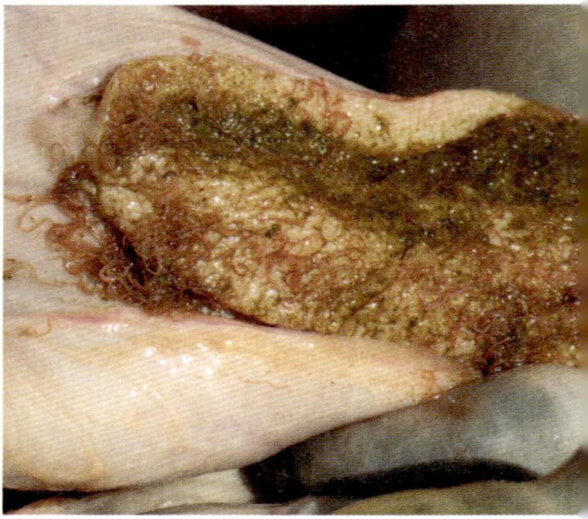

Links: Blutarmut (helle Lunge und helle Muskulatur!) infolge hochgradigen Magen-Darm-Wurmbefalls bei einem Rehbock. Rechts: Den häufigen Roten Magenwurm (1–2 cm lang) findet man beim Aufschärfen des Labmagens.

Der Rote oder Gedrehte Magenwurm (*Haemonchus contortus*) lebt im Labmagen von Wild- und Hauswiederkäuern, ernährt sich von Gewebeteilen und saugt Blut aus der Labmagenschleimhaut. Dadurch kommt es zu großen Blutverlusten und Anämie (Blutarmut), Durchfall tritt nicht immer auf. Rund 1.000 Würmer nehmen ungefähr 50 ml Blut pro Tag auf! Blutbildungsstätten im Knochenmark kommen mit der Produktion roter Blutkörperchen nicht mehr nach, was schlussendlich zur Blutarmut führt. Beim Aufbrechen zeigen erkrankte Stücke blasse, blutarme Organe und Muskulatur, Flüssigkeitsansammlung in Brust- und Bauchhöhle sowie rotes Knochenmark.

Die Haemonchose führt häufig zu schweren klinischen Erkrankungen und plötzlichen Verendensfällen. Im Verdachtsfall ist eine Kontrolle sofort am Aufbruchplatz bzw. im Zuge der Sektion durch Aufschärfen des Labmagens leicht möglich.

Aus wildbrethygienischer Sicht sind abgemagerte Rehe allein schon bei deutlicher Abmagerung untauglich für den menschlichen Verzehr. Treten dazu noch Blutarmut und Missfarbigkeit des Wildbrets auf, ergeben sich drei Untauglichkeitsgründe. Weiters ist davon auszugehen, dass kümmernde Stücke auch nicht in den Eigenverzehr oder in die Direktvermarktung gehen. Es ist einleuchtend, dass solche als Hegeabschüsse erlegte Stücke, die vielleicht 2–3 Wochen später an einer Parasitose verendet wären, keinen Lebensmittelcharakter haben.

Klimawandelbedingt ist dieser Parasit bereits in Hochlagen auf über 2.000 m Seehöhe nachweisbar.

## Parasitosen beim Auer- und Birkwild

*Auch Auer- und Birkwild werden von Parasiten befallen, wie eine von mir betreute Dissertation ergab. Die Parasitenbelastung von Auer- und Birkhahnen dürfte im Zuge des Klimawandels noch zunehmen.*

Insgesamt gelangten Kerne bzw. Eingeweide von 54 Birkhähnen und 50 Auerhähnen aus Kärnten, Tirol, Osttirol, Salzburg und der Steiermark zur Untersuchung. Ziele dieser Untersuchung des Doktoranden W. Fischbacher war die Erfassung des aktuellen Spektrums und Befallgrades an Endoparasiten von Auer- und Birkwild aus freier Wildbahn in Österreich.

Bei dieser Untersuchung wurden häufig Kokzidien (einzellige Parasiten) bei Auerwild (44 %) und bei Birkwild (11 %) vorgefunden. Besonders bei Küken können dadurch Verluste auftreten. Kokzidien waren häufiger bei Auerwild zu finden, was damit zusammenhängen könnte, dass sich Birkwild allgemein in höheren Lagen als Auerwild aufhält (längere Winter, späterer Rückgang der Schneedecke, niedrigere Temperaturen).

Der Saugwurm *Corrigia skrjabini* konnte in vorliegender Arbeit erstmals häufig sowohl in den Bauchspeicheldrüsen von Auer- (34 %) als auch von Birkhähnen (28 %) nachgewiesen werden. Die maximale Belastung lag bei Auerhähnen bei 7 Exemplaren und bei Birkhähnen bei 5 Exemplaren pro Hahn.

Links: Bandwurm aus dem Darm eines Auerhahnes. Rechts: Ansammlung von Spulwürmern aus dem Dünndarm eines Birkhahnes.

Bandwürmer fanden sich in 80 % der untersuchten Auerhähne und in 61 % der Birkhähne und waren damit die am häufigsten vorgefundenen Parasiten im Rahmen dieser Untersuchung. Die höhere Prävalenz von Bandwürmern in Auerwild kann wiederum dadurch erklärt werden, dass sich Birkwild in höheren Lagen aufhält, wo die Aktivität der Zwischenwirte für Bandwürmer (Regenwürmer, Schnecken, Käfer, Ameisen etc.) eingeschränkt ist. Zum Befallsgrad ist anzumerken, dass immerhin in 10 % der Auerhähne und in 17 % der Birkhähne mehr als 500 Bandwürmer bzw. Teile von Bandwürmern nachgewiesen wurden, was als starke Belastung angesehen werden kann.

Als einziger Vertreter der Haarwürmer wurde *Capillaria alpina* ebenfalls häufiger bei Auerhähnen (62 %) als bei Birkhähnen (35 %) nachgewiesen. Die mittlere Belastung lag bei Auerwild bei 46 Exemplaren pro Hahn, bei Birkwild bei 5 Exemplaren pro Hahn.

Der Befall mit Spulwürmern (*Ascaridia galli, A. compar*) war bei Auerwild mit 58 % höher als bei Birkwild (20 %). Die maximale Belastung lag bei Auerwild bei 15 Exemplaren pro Hahn, bei Birkwild bei 47 Exemplaren pro Hahn.

Diese Untersuchung ist ein gutes Beispiel dafür, dass erlegtes Wild für ein Gesundheitsmonitoring verwendet werden kann.

## „MILCHFLECKEN" UND FINNEN AUF WILDSCHWEINELEBERN

*Auf Wildschweinlebern treten immer wieder zwei Veränderungen auf, die in der Beurteilung durch Jäger bzw. kundige Personen Probleme bereiten können: sogenannte „Milchflecken" bzw. Blasen mit Bandwurmfinnen.*

Auch bei der Fleischuntersuchung von Hausschweinen fallen manchmal „milk spots" (Milchflecken) auf. Die weißen, z. T. netzförmigen Veränderungen an der Leber mit zentral gelegenem, erhabenem Knötchen sind eine Reaktion auf einen Parasitenbefall mit Spulwürmern. Diese sind eigentlich Darmparasiten, Spulwurmlarven können aber „wandern" und in andere Organe, wie eben die Leber, gelangen. Einwandernde Schweinespulwurmlarven verursachen eine lokale Leberentzündung mit sichtbarer Immunreaktion. Bei lediglich einmaliger Infektion bilden sich die Milchflecken innerhalb von 3–6 Wochen wieder zurück, bei wiederholten Infektionen entstehen weitere Milchflecken.

Auf der Oberfläche der zweiten Leber ist eine mit klarer Flüssigkeit gefüllte Blase zu erkennen, eine Bandwurmfinne. Darin befindet sich das milchig trübe Entwicklungsstadium eines Bandwurmes mit eingestülpter Kopfanlage. Mit hoher Wahrscheinlichkeit ist es eine Finne eines Bandwurmes von Hundeartigen (*Taenia hydatigena*). Die Finne im Zwischenwirt wird als *Cysticercus tenuicollis* bezeichnet. Haus- und Wildschwein sowie Rind sind Zwischenwirte dieser Bandwurmart. Wenn Zwischenwirte aus dem Kot von Endwirten Bandwurmeier aufnehmen, werden im Darm Hakenlarven

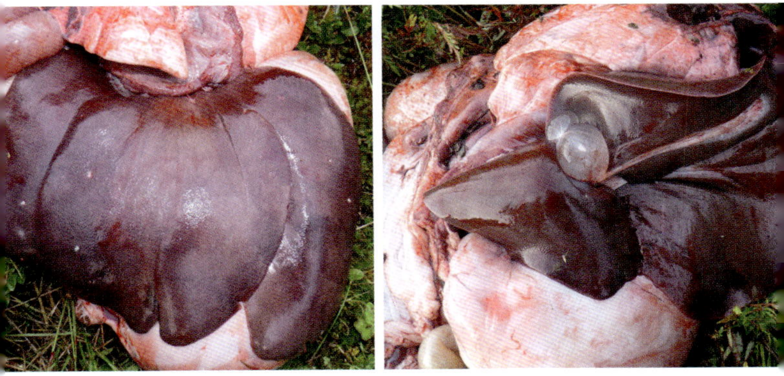

Links: Wildschweineleber mit parasitär bedingten „Milchflecken".
Rechts: Bandwurmfinne auf einer Wildschweinleber.

frei, gelangen über den Blutweg in die Leber und durchwandern das Lebergewebe, um die Leberoberfläche zu erreichen. Die Mehrzahl der Larven durchdringt die Leberkapsel und bildet dann an der Leberoberfläche oder in Netz und Gekröse Finnen, die beim Aufbrechen häufig übersehen werden. Hunde sollten regelmäßig entwurmt werden und kein rohes Schweine- oder Wildschweinfleisch bzw. rohe Organe verfüttert bekommen, auch wegen der Aujeszkyschen Krankheit.

Derartige parasitär bedingte Veränderungen führen natürlich zu einer Untauglichkeit des Organs für den menschlichen Verzehr.

## „Leber- und Hirnwurm“

*Beim Aufbrechen von Reh- und Rotwild werden in der Bauchhöhle und z. T. unter der Leberkapsel immer häufiger mehrere Zentimeter lange Parasiten gefunden. In Einzelfällen leben diese Parasiten auch zwischen den Hirnhäuten und im Rückenmarkskanal.*

Bei diesen Parasiten handelt es sich um Filarien (Setarien). Zur exakten Artbestimmung dieser Fadenwürmer wäre eine mikroskopische Untersuchung notwendig. Berichte über Filarien beim Reh sind seltener als solche bei Rotwild, wobei die Funde auch beim Reh in den letzten Jahren zunahmen. Die häufigste Bauchhöhlenfilarie des Rehwildes (*Setaria tundra capreoli*) wird rund 3 cm (Männchen) bis fast 8 cm (Weibchen) lang. Vermutlich verläuft ein Filarienbefall der Bauchhöhle symptomlos.

Links: Fadenwurm (Setaria) aus der Bauchhöhle eines Rehkitzes. (Foto: © Johannes Mayr) Rechts: Fadenwurm auf der Leber, unter der Leberkapsel. (Foto: © Leo Bleeker)

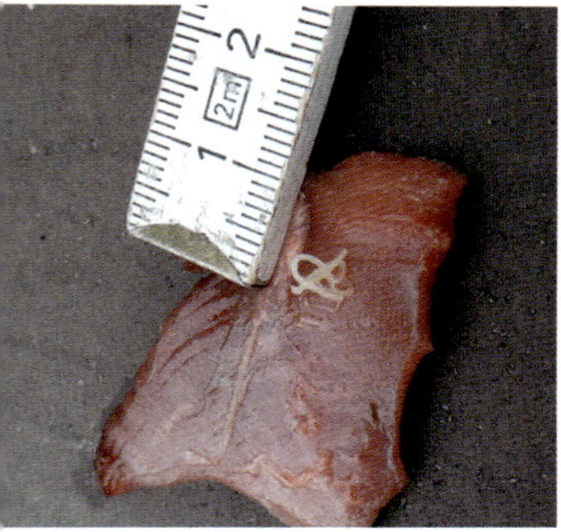

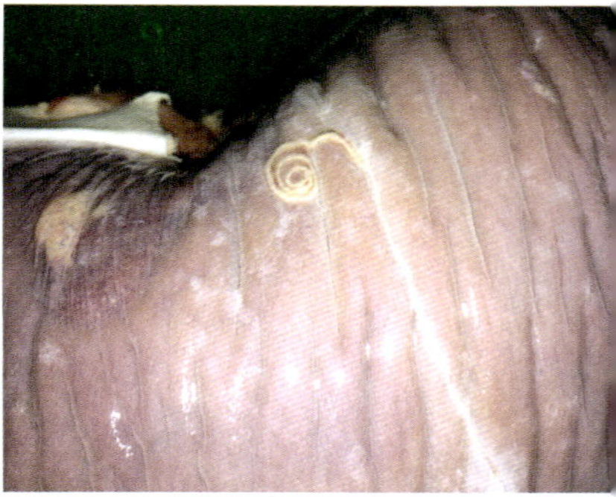

### Befall wird häufig übersehen

Über die geschätzte Verbreitung und Häufigkeit von Filarien bei Reh- und Rotwild liegen aus Mitteleuropa keine umfassenden Untersuchungen vor. In der ehemaligen Tschechoslowakei wurde *Setaria cervi* bei ungefähr 13 % der untersuchten Stücke Rotwild gefunden. Selbst habe ich diesen Parasiten beim Rotwild über dreißigmal in der freien Bauchhöhle und neunmal zwischen den Hirnhäuten gefunden. Sie werden nur im Zuge des Aufbrechens sicherlich recht häufig übersehen.

Falls befallene Rehe nicht aus anderen Gründen abgemagert oder sonst auffällig sind, sind sie voll als Lebensmittel verkehrsfähig. Im gegenständlichen Falle wäre aber die Leber untauglich für den menschlichen Verzehr.

### Sektion eines „zahmen" Hirsches

Ein ca. 15-jähriger Hirsch wurde in meinem Beisein mit Fangschuss erlegt. Bereits am Vortag hielt sich der Hirsch stundenlang neben einer Landesstraße auf. Außer dem Verlust der Scheu und Bewegungsstörungen waren keine weiteren äußeren Veränderungen erkennbar.

Nach dem Fangschuss konnte ich im Zuge der Sektion den Grund für die Verhaltensänderung aufklären. In der freien Bauchhöhle fanden sich mindestens 30 Exemplare von 8–10 cm langen und ca. 1 mm dicke Rundwürmer der Art *Setaria cervi*. Und dieser Parasit war nach dem Absetzen des Hauptes auch in der Schädelhöhle nachweisbar. Zwischenwirte für *Setaria cervi* sind einige Fliegenarten, in denen sich die infektiösen Drittlarven entwickeln, über die Speicheldrüsen auswandern und so übertragen werden können.

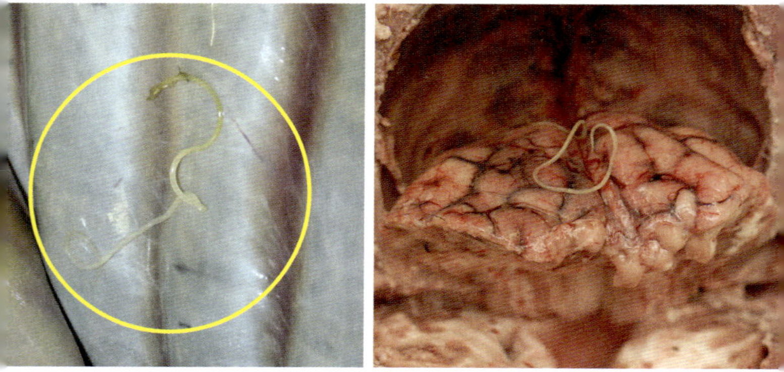

*Setaria cervi* in der Bauchhöhle und in der Schädelhöhle.

Ein weiterer Parasit, der auch bei Rotwild sowie Schafen und Ziegen in der Schädelhöhle vorkommen kann, ist *Elaphostrongylus cervi*.

Unser Wissen über die Häufigkeit und Verbreitung von Wildkrankheiten ist noch äußerst lückenhaft, mitunter auch deshalb, weil laufend wertvolles Untersuchungsmaterial (Fallwild, veränderte Organe) nicht oder falsch konserviert zur Untersuchung gelangen. Hier konnte durch einfache Untersuchungsschritte ein doch sehr interessanter Fall aufgeklärt und die Rechtmäßigkeit des Hegeabschusses eindeutig bestätigt werden.

# 6. FÜTTERUNGSFEHLER

## Akute Azidose

*Im Winterhalbjahr verenden Rehe häufig an „akuter Pansenübersäuerung“. Grund ist eine alleinige, nicht wiederkäuergerechte Kraftfuttervorlage.*

Kriterien für eine wiederkäuergerechte Fütterung von Rehwild sind ein Mindestgehalt an strukturierter Rohfaser (Partikellänge von Pflanzenbestandteilen zumindest 1 cm!), ein hygienisch einwandfreies Futter sowie ein nicht zu hoher Kraftfutteranteil in der Ration.

Die Pansenübersäuerung ist die häufigste und auch gefährlichste fütterungsbedingte Erkrankung bei Rehen. Sie

Gerste als Todesurteil.

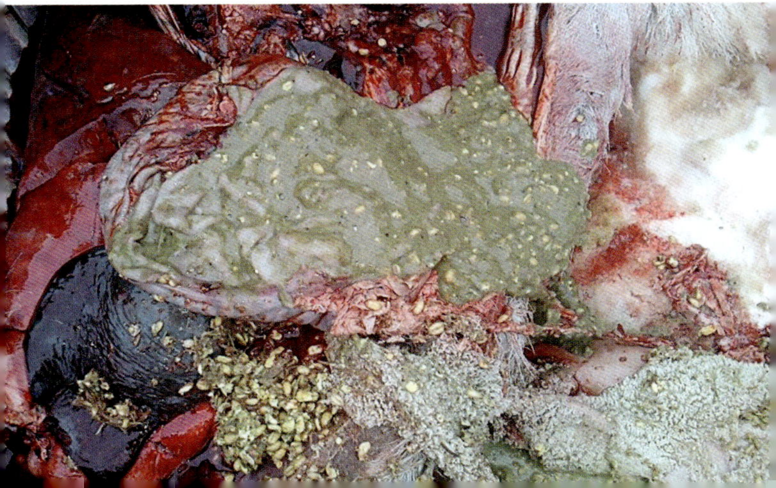

entsteht nach Fütterung von leicht verdaulichen, stärkereichen, zu kurzen, nicht strukturierten oder gemahlenen Futtermitteln (Getreide, Getreideschrot, Bruchmais, Mühlen- und Bäckereiabfälle usw.). Weitere sogenannte Kraftfuttermitteln sind Pellets, Wildmüsli, Apfeltrester, Weizenkleie, Extraktionsschrote, Hülsenfrüchte. Aber auch Kastanien, Bucheckern, reifes Obst und Eicheln sind Kraftfuttermittel. Da diese Futtermittel, die im Lebensraum nicht in dieser Form bzw. Menge natürlich vorkommen, zumeist auch sehr gerne und dadurch auch in zu großen Mengen aufgenommen werden, wird die Aufnahme von strukturwirksamen Grundfuttermitteln bzw. Naturäsung zurückgedrängt. Bei separat vorgelegtem Kraftfutter wird nur selten ausreichend strukturierte Rohfaser, wie Heu, mit aufgenommen! Weiters zu berücksichtigen ist auch, dass für Niederwild ausgelegtes Futter auch von Rehwild aufgenommen werden kann. Somit kommt es durch den Rohfasermangel zu einer reduzierten Wiederkautätigkeit und zugleich durch den sehr raschen Stärkeabbau zur Ansammlung großer Mengen freier Fettsäuren im Pansen, insbesondere von Milchsäure.

Durch die Säurewirkung (Absinken des pH-Wertes) werden die Pansenmikroben und damit das gesamte Pansenmilieu schwer geschädigt. Es kommt zu massiven Entzündungen der Pansenschleimhaut, und durch Änderung des Säure-Basen-Gehaltes des Blutes können zentralnervale Störungen (Zähneknirschen, Lahmheiten, Torkeln, Festliegen, Koma) ausgelöst werden. Verendete Rehe liegen häufig in Fütterungsnähe, oft sind auch Anzeichen von Durchfall sichtbar. Neben dem beschriebenen akuten Verlauf resultiert aus länger anhaltenden zu hohen Kraftfuttergaben die chronische Pansenazidose (Folgen: Entzündung der Pansenschleimhaut, Leberabszesse, verminderte Infektionsabwehr, Nierenschäden, Störungen im Knochenstoffwechsel und Kalziummangel). Die bei der chronischen Pansenazidose auftretenden Knochenstoffwechselstörungen beeinflussen auch das Geweihwachstum negativ.

Sowohl bei der Häufung von fütterungsbedingten Ausfällen als auch bei unregelmäßiger Fütterung ist das Weiterbetreiben der Fütterung zu hinterfragen. Ebenso zu überdenken ist eine Fütterung, wenn trotz (oder wegen!) der Vorlage großer Kraftfuttermengen die körperliche Entwicklung der Rehe schlecht ist. Fütterungsfehler können durch die

Links: Eröffneter Weidsack eines Rehbockes, welcher nach alleiniger Aufnahme von Pellets innerhalb weniger Stunden durch akute Pansenübersäuerung verendete. Rechts: Mit pH-Messstreifen kann der pH-Wert des Pansensaftes gemessen werden. Dies sollte aber sofort erfolgen, da sich der pH-Wert postmortal verändert.

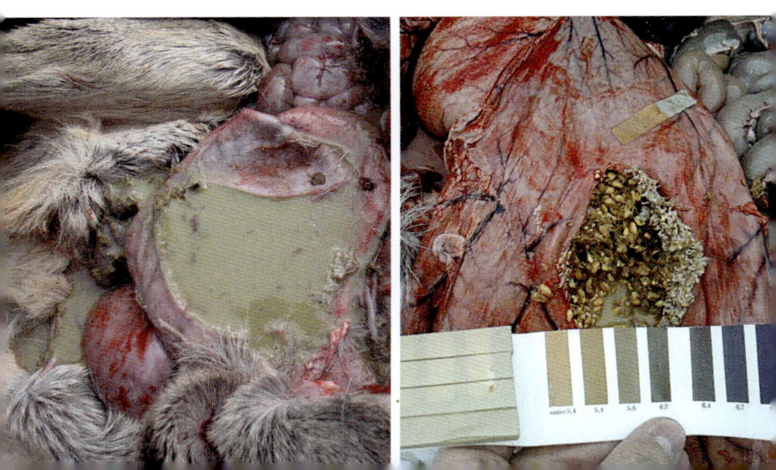

Beeinträchtigung des Immunsystems und der Darmschleimhaut den Parasitendruck und das Infektionsrisiko (z. B. Paratuberkulose) erhöhen; weiters können aus solchen Fehlern auch schwere Nierenveränderungen resultieren.

Aus all den genannten Gründen darf Kraftfutter nur in Kombination mit qualitativ hochwertigem, entsprechend strukturiertem Grundfutter (wie Grummet, Luzerne- oder Kleeheu) verfüttert werden, günstigenfalls in einer Mischration, damit Kraftfutter und strukturiertes Futter nicht selektiv aufgenommen werden kann.

### Gams an Sauenkirrung verendet

Ein interessanter Fall einer verendeten 3-jährigen Gamsgeiß wurde aus einem Randgebiet des steirischen Gamswildvorkommens zur Sektion angeliefert. Aus dem Sektionsbild und der Befragung ergab sich die Diagnose: Verenden durch akute Pansenübersäuerung nach Besuch einer Sauenkirrung.

Durch Aufnahme von ca. 1,5 kg Mais an einer Sauenkirrung verendete Gamsgeiß.

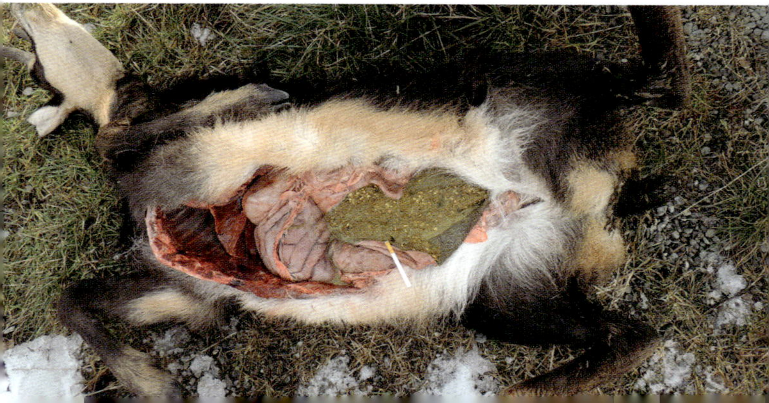

## Apfeltrester in der Rehwildfütterung?

*Das Thema „Apfeltrester in der Rehwildfütterung" wird immer wieder diskutiert. Im Folgenden wird kurz auf dieses Futtermittel und allfällige Probleme eingegangen.*

Apfeltrester ist für Rehe schmackhaft, er enthält Mineralstoffe und oft noch einen hohen Restzuckergehalt. Saftfuttermittel dienen zum Teil auch zur Deckung des Flüssigkeitsbedarfes und haben daher in Revieren mit Wasserknappheit und Schneearmut gewisse Bedeutung. Aufgrund der relativ kleinen Partikelgröße ist Trester nicht wiederkaufähig und sollte deshalb nicht als Hauptteil der Futterration eingesetzt werden. Nasstrester verdirbt rasch und verursacht dann Verdauungsstörungen sowie Leberschäden. Getrockneter Apfeltrester verdirbt nicht so leicht.

Ein generelles Problem von Saftfuttermitteln (Trester, Gras- oder Maissilage) in der Rehwildfütterung ist die Gefahr des Futterverderbs (Fäulnis, Schimmel, Nachgärung), der bei Temperaturen über +5 °C in wenigen Tagen auftritt. Saftfutter ist nur dann anzuraten, wenn diese Futtermittel alle 2–3 Tage frisch vorgelegt und Reste alten Futters entfernt werden.

Eine Problematik bei der Verfütterung von Apfeltrester liegt im möglicherweise zu hohen Restzuckergehalt, welcher dann eine Pansenübersäuerung auslösen kann, zumal wegen der Schmackhaftigkeit oft große Mengen aufgenommen werden. Trester aus industriell gepresstem Obst haben üblicherweise geringere Restzuckergehalte als Trester von

Links: Apfeltrester ist ein schmackhaftes Futtermittel, Nasstrester verdirbt aber leicht. Rechts: Das Silieren von Apfeltrester kann in Säcken oder Fässern erfolgen, sobald diese aber geöffnet werden, beginnt der Verderb bei Temperaturen über +5 °C.

herkömmlich/händisch gepresstem Obst. Für eine entsprechende Beurteilung des Apfeltresters wäre daher eine Untersuchung hinsichtlich des Restzuckergehaltes sinnvoll. Der Zuckergehalt in der Gesamt-Tagesration sollte beim Wiederkäuer 7,5 % nicht überschreiten, zusätzlich ist dabei der Gehalt an Stärke zu berücksichtigen.

Generell bevorzuge ich in der Rehwildfütterung wegen des deutlich geringeren Risikos des Futtermittelverderbs Trockenrationen – im Falle der Verfütterung von Apfeltrester demnach auch den Trockentrester, besonders in klimatisch milderen Gegenden. Zu berücksichtigen bei Trockenrationen ist natürlich der höhere Wasserbedarf der gefütterten Tiere, wobei Schnee ein absoluter Wasserersatz ist.

## Erntereste und verdorbenes Futter

*Wenn Ernterückstände am Feld verderben trotzdem vom Wild aufgenommen werden, kann das gesundheitliche Folgen haben, ebenso wie im Herbst nicht abgeernteter Mais, „entsorgte" verdorbene Futtermittel sowie Sauenkirrungen, Niederwildschütten oder Fütterungen mit verdorbenem Futter.*

Bereits bei Temperaturen von über rund 5 °C können Futtermittel rasch verderben. Besonders gefährdet sind oben angeführtes „Futter" sowie Saftfuttermittel (wie Silagen oder Apfeltrester). Aber auch Trockenfutter (wie Pellets, Getreide) verderben bei hohen Temperaturen und hoher Luftfeuchtigkeit rasch. Auslöser für den Futterverderb sind neben Bakterien und Pilzen auch Vorratsschädlinge (Milben, Motten).

Wildäcker, Ernterückstände, unhygienische Kirrungen oder Fütterungen bergen das Risiko eines Futtermittelverderbs – die Folgen sind mannigfaltig!

Die Gefahr, dass Futtermittel verderben, ist abhängig von der Umgebungstemperatur, dem Feuchtigkeitsgehalt und der Ausgangsbelastung mit Keimen und Schädlingen. Verdorbenes oder schimmliges Futter stellt auch ein Nährmedium für Krankheitserreger (z. B. Listerien, Clostridien) dar. Aussehen, Geruch und Beschaffenheit des Futters geben einen groben Aufschluss über die Futtermittelqualität – bei Weitem ist aber nicht jeder Verderb grobsinnlich erkennbar! Schimmel, Verfärbung sowie Klumpenbildung, Erwärmung und ungewöhnliche Geruchsbildung von Futter sind jedenfalls Hinweise auf einen Futtermittelverderb.

Pilzabszesse nach Verfütterung von verschimmeltem, mehligem Futter. (Foto: © A. Klauber)

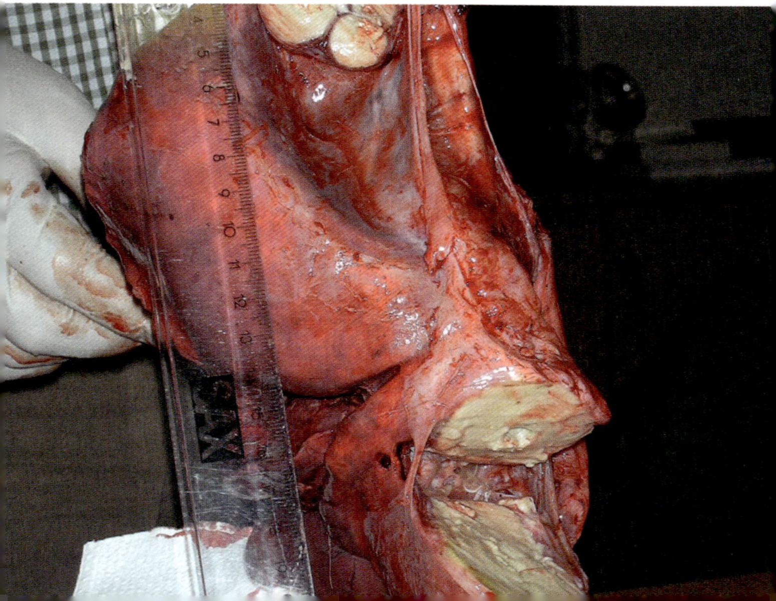

Die Aufnahme verdorbener Futtermittel hat zahlreiche Folgen, wie Nährstoffverluste und Gesundheitsschäden, Erhöhung des Erkrankungsrisikos sowie eine mögliche Beeinträchtigung tierischer Produkte (Wildbret!). Die Gefährdung des Menschen liegt im sogenannten „Carry over", dem Übergang der Mykotoxine aus Lebensmitteln tierischer Herkunft in die menschliche Nahrungskette.

Schimmel-, Feld- und Lagerpilze können in Futtermitteln Giftstoffe (z. B. Mykotoxine) bilden, die je nach Tierart unterschiedlich krankmachende Wirkung besitzen. Besonders Mais und Hafer sind häufig mit Mykotoxinen belastet. Die Aufnahme von verschimmelten/verpilzten Futtermitteln führt zu Vergiftungen (Toxikosen). Fusarientoxine wirken zellschädigend und beeinträchtigen das Immunsystem. Zearalenon hat östrogene Wirkung, konkurriert mit körpereigenen Östrogenen (Geschlechtshormonen) um die Bindung an Östrogenrezeptoren und führt zu Fruchtbarkeitsstörungen.

In den letzten Jahren, gab es in der Steiermark aufgrund der hohen Niederschlagsmengen und feuchtwarmen Witterung im Sommer hohe Mykotoxinbelastungen bei Mais. Rehe in gut geführten Revieren wiesen mit z. T. intensiven Fütterungen im darauffolgenden Frühjahr/Sommer geringere Wildbretgewichte auf und hatten auffallend wenig Feist angesetzt. Diese Erfahrungen lassen bei der Verfütterung von mykotoxinbelastetem Futter auch eine chronische Giftwirkung (Schäden an der Bauchspeicheldrüse bzw. Leber) bei Rehen befürchten. Eine grundlegende futtermittelrechtliche Anforderung ist, dass Futtermittel, die nicht sicher sind, nicht in Verkehr gebracht oder an Lebensmittel liefernde Tiere verfüttert werden dürfen.

## Verdorbener Mais als Todesurteil

Der verendet abgebildete Rehbock war in der Brunft 2015 noch bei bester Gesundheit, kam drei Wochen später in unmittelbarer Umgebung eines Bauernhofs völlig abgekommen und mit Durchfall zum Anblick und wurde weitere drei Tage später verendet aufgefunden. Er war schon von einem Fuchs angeschnitten.

Sobald Silofolien verletzt sind, kommt es durch den Luftzutritt zu Nachgärungen und zu fortschreitendem Verderb (Schimmelbildung, Verpilzung oder bakterieller Verderb) des silierten Futters. Überraschenderweise wird verdorbenes Futter auch von Rehen immer wieder recht gerne aufgenommen.

Rehbock, der mit hoher Wahrscheinlichkeit verdorbene, verpilzte Silage von den vorjährigen Maisballen aufgenommen hat. (Foto: © S. Hoheneder)

# 7. WILDBRET: HYGIENE & BEURTEILUNG

## AUSWASCHEN NACH DEM AUFBRECHEN?

*Kontroverse Meinungen herrschen bezüglich des Auswaschens aufgebrochener Stücke. Auswaschen ist grundsätzlich gut, allerdings nicht, wenn der Wildkörper bereits ausgekühlt ist!*

Anhaftender Schweiß (Blut) an der Wildbretoberfläche „konserviert" das Fleisch nicht, wie früher immer wieder behauptet, sondern ist einer der besten Nährböden für Bakterien. Deshalb sind aufgebrochene Stücke günstigenfalls noch im Zuge des Aufbrechens gründlich zu reinigen. Dabei sind geringgradige sichtbare Verunreinigungen bzw. anhaftendes Blut (Schweiß) durch Auswaschen mit Wasser in Trinkwasserqualität zu entfernen. Gröbere Verunreinigungen (z. B. nach Weichschüssen) sind großzügig mit dem Messer auszuschneiden oder abzutragen. Ein Abwischen von Fleisch mit diversen Materialien ist zu vermeiden, da die Keime lediglich auf der Oberfläche verteilt werden.

Die Verwendung von Gras, Laub, Reisig und ähnlichen Materialien zur Reinigung der Körperhöhlen ist aus hygienischer Sicht absolut abzulehnen und gehört der Vergangenheit an.

Allerdings darf nur ausgewaschen werden, wenn der Tierkörper noch körperwarm ist (also, bevor das Stück ausgekühlt ist), denn nur dann kann nicht abrinnendes Wasser verdampfen. Der Tierkörper muss jedoch unbedingt hängen, um eine Pfützenbildung in den Körperhöhlen zu vermeiden.

Bei bereits abgekühlten Tierkörpern hat das Entfernen von Verunreinigungen durch Abtragen der verunreinigten Stellen mit dem Messer zu erfolgen.

Diskussionen rund um negative Auswirkungen des Auswaschens nach dem Aufbrechen gibt es vorwiegend im Zusammenhang mit Strecken von Gesellschaftsjagden, bei denen unmittelbar an den Aufbrechplätzen oft kein geeignetes Wasser vorhanden ist und dann im Nachhinein bereits abgekühlte Wildkörper mit Wasser gereinigt werden. Das hat dann jedenfalls negative Auswirkungen auf den Oberflächenkeimgehalt, da diese kühlen Wildbretoberflächen nicht mehr rasch abtrocknen. Und feuchte Fleischoberflächen fördern das Keimwachstum!

Die Reinigung mit Trinkwasser darf nur an noch körperwarmen Stücken erfolgen, die danach aufgehängt werden.

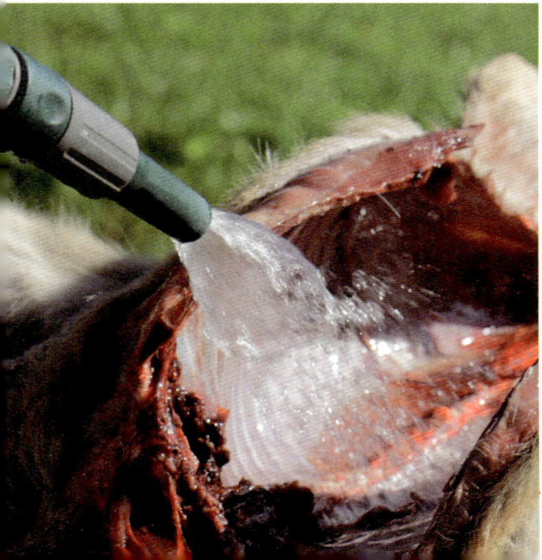

Wenn bereits gekühlte Stücke in der Kühlzelle hängen, so dürfen körperwarme, tropfnasse Stücke nicht nachgehängt werden. Ein körperwarmes, tropfnasses Reh produziert in der Kühlzelle noch 0,5 bis 0,75 Liter Wasserdampf, der die gekühlten Oberflächen der bereits in der Kühlzelle befindlichen Stücke beschlägt und somit auch trotz Kühlung das Bakterienwachstum wieder gefördert wird.

## Ist Unfallwild verwertbar?

*Häufig beschäftigen sich Diskussionen mit der Verwertbarkeit von Unfallwild, zumal in einzelnen Revieren der Straßenverkehr mehr als die Hälfte des festgesetzten Abschusses „tätigt". Wenn auch einzelne Wildbrethändler noch mit „kulanter" Übernahme – selbst von Unfallwild – werben, ist eine Ablieferung von Unfallwild ohne tierärztliche Untersuchung generell verboten und insgesamt höchst problematisch.*

### Lebend aufgefundenes Unfallwild

Für Unfallwild, welches noch lebend aufgefunden wird und durch Fangschuss oder Knicken notgetötet wird, bestehen jedenfalls „Bedenken" gegen die Verwendbarkeit des Fleisches, und damit ist eine Untersuchungspflicht durch den amtlichen Tierarzt gegeben, außer der Verfügungsberechtigte entscheidet sich zur Entsorgung des Stückes oder zum Eigenverzehr (oder Hundefutter).

Der amtliche Tierarzt kann bei seiner Begutachtung die Bedenken bestätigen und den Tierkörper als „untauglich" beurteilen oder Hilfsuntersuchungen (z. B. bakteriologische Untersuchung) veranlassen. Der Tierarzt kann aber auch im

Zuge der Fleischuntersuchung den Verdacht zerstreuen und das Stück als „tauglich" beurteilen. Bedenken bestehen schon deshalb, weil es zu diesen Stücken keine Untersuchung des Jägers im Zuge des Ansprechens (vergleichbar mit der „Lebenduntersuchung" vor der Schlachtung bei landwirtschaftlichen Nutztieren) gibt und aus Untersuchungen bekannt ist, dass der Anteil kranken Wildes am Straßenfallwild recht hoch sein kann. Dies verwundert auch nicht, wenn man bedenkt, dass sich beispielsweise fiebernde Stücke im Straßenverkehr anders verhalten als gesunde.

Für die tierärztliche Fleischuntersuchung sind neben dem Tierkörper die eröffneten Leibeshöhlen und die Brust- und

Der Anteil kranker Stücke am Unfallwild ist relativ hoch, da diese leichter verunfallen als gesunde.

Bauchorgane, außer Magen-Darm-Trakt, notwendig. Bei Fehlen eines oder mehrerer der zu untersuchenden Organe ist eine bakteriologische Fleischuntersuchung einzuleiten oder das Stück als untauglich zu klassifizieren.

**Noch „körperwarm"?**

Der Argumentation, dass Unfallwild, wenn es noch im körperwarmen Zustand vom Jäger versorgt wird und die Todesursache eindeutig bekannt ist, genauso wie erlegtes Wild zu behandeln wäre, kann aus mehreren Gründen nicht gefolgt werden. Erstens bleibt der „körperwarme Zustand" bei unaufgebrochenen Stücken im Sommer sehr lange und

Serienrippenbrüche und massive Blutungen bei Unfallrehen.

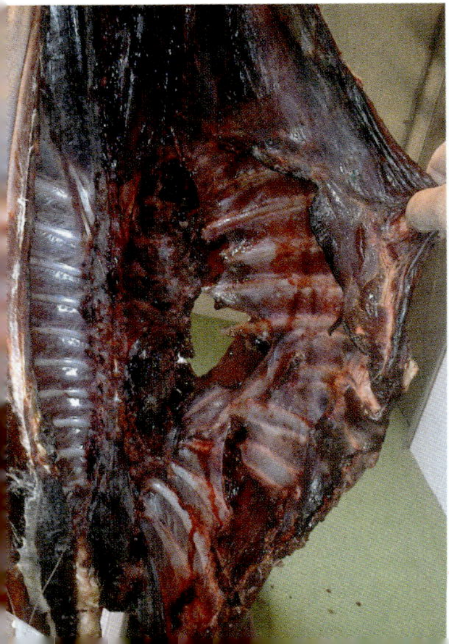

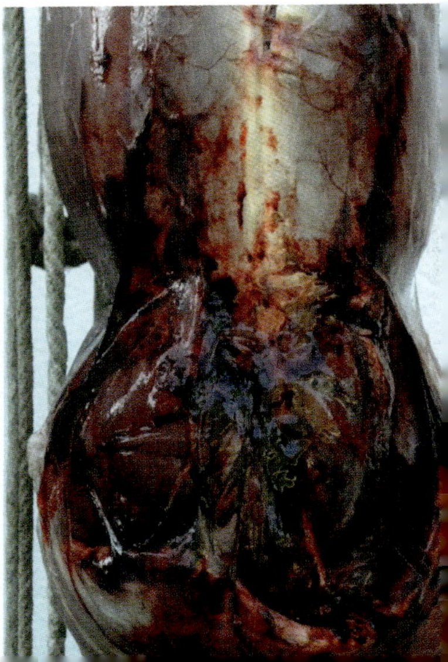

selbst im Winter über einige Stunden erhalten. Das Auswandern von Bakterien durch die Darmwand und damit die mikrobielle Verunreinigung der Umgebung erfolgt aber bereits nach rund 45 Minuten, falls nicht überhaupt durch den Unfall – wie beim Weichschuss – Baucheingeweide verletzt worden sind.

**Verendetes Unfallwild**

Unfallwild, das beim Auffinden bereits verendet war, ist für den Weiterverkauf selbstverständlich „untauglich" und dürfte höchstens vom Jäger selbst (= Eigenverzehr im eigenen Haushalt) verzehrt werden, was aber nicht empfehlenswert ist! Eine Weitergabe an den Handel oder eine Direktvermarktung ist damit unmöglich. Selbst ein Verschenken solcher Stücke würde ein „In Verkehr bringen" bedeuten, und der Jäger haftet in seiner Funktion als Lebensmittelunternehmer dafür.

Jäger und Wildbrethändler, die Qualität versprechen und aus Gewinngründen Unfallwild als normal taugliches Wildbret in Verkehr bringen wollen, erweisen der Wildbretwerbung keinen guten Dienst. Die wenigsten Jäger würden selbst ein Unfallwild verspeisen. Der Wildbrethandel schien früher auch wegen der bei Unfallwild durchwegs höheren Spannen (geringere Einkaufspreise) gesteigertes Interesse an Unfallwild zu haben. Es entspricht aber sicher nicht der Verbrauchererwartung und auch nicht der Transparenz der Lebensmittelerzeugung, dass Unfallwild in den Handel kommt und ist nicht zuletzt ein strafrechtlicher Tatbestand.

# 8. (JAGD)HUNDE

## IMPFINTERVALLE

*Grundsätzlich gibt es keinen allgemein gültigen Impfplan für Hunde, da Impfpläne auf die aktuelle Seuchensituation, das Alter der Impflinge sowie die Verwendung und Exposition des Hundes (z. B. häufiger Kontakt mit anderen Hunden?) Bedacht zu nehmen hat.*

Die erste Grundimmunisierung gegen Parvovirose sollte wegen der damit verbundenen Immunsuppression wenn möglich getrennt von anderen Impfungen erfolgen. Ebenso sollte die Grundimmunisierung gegen Tollwut, um eine ausreichende Antikörperbildung zu erreichen, erst nach der Impfung gegen die anderen Infektionskrankheiten erfolgen (ev. 1. Tollwutimpfung gemeinsam mit 2. Grundimmunisierung gegen Staupe/Hepatitis/Leptospirose/Parvo-virose). Weiters wird vor Impfungen eine Entwurmung angeraten. Bei einem erhöhten Infektionsdruck durch Staupe (Staupe wird wieder vermehrt bei Füchsen, Dachsen und Mardern nachgewiesen, siehe auch S. 134) kann die Erstimpfung bereits in der 6. Lebenswoche, bei einem erhöhten Infektionsdruck durch Parvovirose in der 8. Lebenswoche erfolgen.

Besonders wichtig ist eine ausreichende Grundimmunisierung. Als Grundimmunisierungen gelten alle Impfungen im ersten und zweiten Jahr nach der ersten Impfung. Das heißt also, die Grundimmunisierung umfasst eine wirksame zweimalige Impfung (dreimalige Impfung, wenn bereits vor der

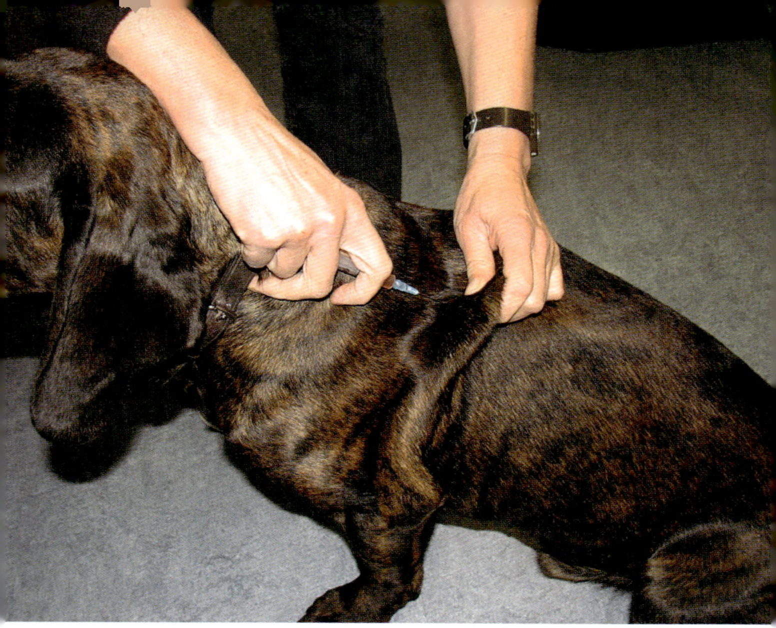

Viele Impfintervalle können aus fachlicher Sicht verlängert werden.

12. Lebenswoche begonnen wird) im Abstand von 3–4 Wochen, gefolgt von einer weiteren Impfung nach einem Jahr. Ab einem Alter von 12 Lebenswochen ist eine zweimalige Impfung im Abstand von 3–4 Wochen, gefolgt von einer weiteren Impfung nach einem Jahr, für eine erfolgreiche Grundimmunisierung ausreichend. Der Zeitpunkt der Impfung im Welpenalter ist deshalb von Bedeutung, da bis zu einem Alter von rund 8–12 Wochen mütterliche Antikörper, also Schutzstoffe aus dem Blut des Muttertieres, im Welpenblut vorkommen, die das Impfantigen abbinden und so einen Impferfolg verhindern können. Bei in der Jugend ausreichend grundimmunisierten älteren Hunden spielen die späteren Impfungen eine untergeordnete Rolle, da eine richtige Grundimmunisierung einen sehr langen Schutz gewährleistet. Man kann

davon ausgehen, dass der Schutz gegen Staupe, Parvovirose, Ansteckende Leberentzündung und Tollwut mindestens drei Jahre anhält. Lediglich gegen Leptospirose, Babesiose und Borreliose sollten exponierte Hunde öfter (bis zu zweimal pro Jahr) geimpft werden. Gegen Tollwut sind die jährlichen Impfintervalle jedenfalls einzuhalten, wenn der Hund ins Ausland mitgenommen wird.

Das Motto der Anpassung der Impfempfehlungen an neue wissenschaftliche Erkenntnisse lautet: „Mehr Tiere impfen, das einzelne Tier aber weniger häufig!" Die jährliche Gesundheitsberatung mit Impfgespräch dient der Ermittlung eines individuellen Impfprogramms. Eine vollständige Grundimmunisierung ist Voraussetzung für einen optimalen Schutz des Einzeltieres. Ein höchstmöglicher Durchimpfungsgrad (>70 % der Hunde) ist in einer Tierpopulation anzustreben, um Epidemien zu verhindern.

## Entwurmen von Hunden

*Jeder Hund kann sich mit Parasiten infizieren, es gibt auch keine parasitenfreien Hunde. Je nach Alter, Haltung, Nutzung und Ernährung ist das Risiko jedoch unterschiedlich hoch.*

Die Symptome eines Wurmbefalls hängen stark vom Alter, Gesundheitszustand und der Widerstandsfähigkeit des Einzeltieres sowie der Wurmart und der Befallsmenge ab. Folgende Anzeichen weisen auf einen Wurmbefall hin: Würmer oder Bandwurmglieder im Kot, Durchfall, Erbrechen, Blutarmut, glanzloses, struppiges Fell, Gewichtsver-

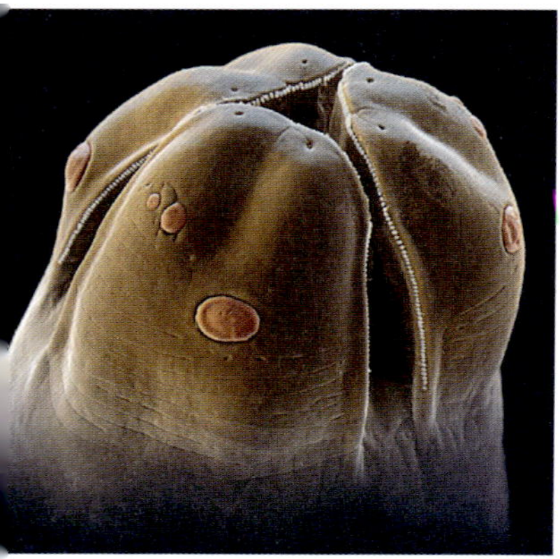

Links: Vorderende eines Spulwurmes (rasterelektronenmikroskopische Aufnahme, Foto: © Bayer Tiergesundheit). Rechts: Welpe mit hochgradigem Spulwurmbefall (schlechte Entwicklung, stumpfes Haarkleid und „Wurmbauch").

lust, verzögertes Wachstum, aufgeblähter Bauch und herabgesetzte Widerstandskraft. Da einige Wurmarten auch für den Menschen gefährlich sind, ist auf eine wirksame und regelmäßige Entwurmung zu achten. Anders als bei Schutzimpfungen gegen Infektionskrankheiten kann man beim Wurmbefall nicht vorbeugend behandeln. Jede Entwurmung tötet oder treibt nur die Parasiten ab, die sich bereits im Körper des Hundes befinden und wirkt nicht vorbeugend. Der Hund kann sich anschließend wieder neu infizieren. Gegen den Gurkenkernbandwurm (*Dipylidium caninum*) kann durch eine konsequente Flohbekämpfung vorgebeugt werden, da Flöhe Zwischenwirte dieses Bandwurmes sind.

Entweder bringen Sie Ihrem Tierarzt regelmäßig (z. B. alle drei Monate) eine Kotprobe, die er auf ausgeschiedene Parasiteneier und -larven untersucht und danach das entsprechende Wurmmittel verabreicht. Diese Methode hat den Vorteil, dass der Hund nur dann Medikamente bekommt, wenn es notwendig ist. Der Nachteil ist, dass nicht jede Verwurmung erkannt wird, da manche Wurmarten nicht dauernd, sondern in Intervallen Eier ausscheiden. Die andere Möglichkeit ist, nach einem Schema vorzugehen: Welpen werden bis zu einem Alter von 5 Monaten alle drei Wochen Spulwurm-wirksam entwurmt, danach empfiehlt sich bei Jagdhunden eine vierteljährliche Entwurmung. Zuchthündinnen sollen 2 Wochen nach dem Decken und nach der Geburt alle 2 Wochen bis zum Absetzen der Welpen entwurmt werden (Bekämpfung des Spulwurmbefalles).

Da es kein „Universal-Wurmmittel" gibt, ist es wesentlich, den Wirkstoff (z. B. Bandwurm-wirksam oder nicht) je nach Alter und Exposition des Hundes auszuwählen – fragen Sie Ihren Tierarzt. So haben beispielsweise Hunde, die Mäuse fangen oder rohes Fleisch/rohe Organe fressen, ein höheres Bandwurmrisiko.

## Warum Hunde Kot fressen

*Unter „Koprophagie“ wird das Fressen von Kot anderer Artgenossen oder auch des eigenen sowie das Fressen von Kot anderer Tierarten verstanden. Da es sich beim Kotfressen um eine für uns Menschen höchst unappetitliche Angewohnheit handelt, beeinträchtigt es das Verhältnis zwischen dem Hundehalter, der Familie und dem Hund sehr.*

Das Aufnehmen von Kot ist nicht nur unappetitlich, sondern birgt auch ein entsprechendes Infektionsrisiko (Parasiten, Bakterien). Zu den Ursachen dieser Gewohnheit gibt es mehrere Erklärungen, die von Endoparasitenbefall oder Mineralstoffmangel bis zu Verhaltensstörungen reichen. Hündinnen fressen natürlicherweise den Kot ihrer jungen Welpen.

Kotfressen kommt vor allem bei Hündinnen vor, häufiger ist das Kotfressen auch in der Zwingerhaltung oder bei schlechten hygienischen Verhältnissen sowie bei Hunden zu beobachten, die viel alleine sind. Ein Grund kann auch sein, dass der Hund das Verhalten aus der Welpenphase übernommen hat, wo er seine Mutter bei der Aufnahme von Welpenkot beobachtete. Langeweile, ungelöste Konfliktsituationen, Hochleistungssport oder zu wenig Beachtung können ebenfalls als Auslöser wirken. Eine weitere Ursache sind Haltungsprobleme, wie mangelnde Reinigung des Zwingers oder die Haltung auf zu engem Raum ohne Strukturierung der Umgebung.

Auch medizinische Ursachen kommen als Auslöser in Frage. Dazu zählen Parasitenbefall, unausgewogene Fütterung, Bauchspeicheldrüsenerkrankungen, unerwünschte

Nebenwirkungen von Medikamenten und noch vieles mehr. In einigen Fällen kann auch keine Ursache gefunden werden.

Die Behandlung des Kotfressens kann sehr schwierig und vor allem langwierig sein, überhaupt in jenen Fällen, in denen die Ursache eine Verhaltensstörung ist. So gibt es Hunde, die bemerkt haben, dass der Besitzer sofort auf das Kotfressen reagiert. Diese Hunde versuchen dann über dieses Verhalten die Aufmerksamkeit des Besitzers zu erlangen. In solchen Fällen ist es wichtig, das Vertrauensverhältnis zu stärken, den Hund ausreichend zu beschäftigen und zu bewegen.

Für das Kotfressen gibt es mehrere Ursachen, eine Behandlung ist meist schwierig und langwierig.

Ein älteres „Hausmittel“ gegen Kotfressen ist das „Würzen“ von abgesetztem Kot im Garten oder Auslauf mit scharfen Gewürzen (z. B. Pfeffer), wodurch beim nächsten Kotfressen sowohl der Geruchs- als auch der Geschmackssinn irritiert werden. Ein weiterer Behandlungsversuch kann mit der Umstellung der Futterration versucht werden.

## Sind Erdkröten und Feuersalamander giftig für Hunde?

*Ja, es stimmt, dass Erdkröten, wie auch Feuersalamander Giftdrüsen tragen, die bei Hunden und Katzen Vergiftungserscheinungen auslösen können. In seltenen Fällen können Hunde nach solchen Kontakten, eher nach Aufnahme von Amphibien, verenden.*

Erdkröten und Feuersalamander besitzen Giftdrüsen, die Hunden gefährlich werden können.

Besonders junge, neugierige Hunde sind gefährdet, mit Kröten zu „spielen" oder sie sogar zu fressen. Giftstoffe von Kröten sind auch für Menschen giftig, Handschuhe schützen.

Erdkröten mit ihrer typisch plumpen Gestalt und warzigen Haut zählen zu den häufigsten Amphibien. Sie leben überwiegend dämmerungs- und nachtaktiv auch in Gärten, Dörfern und selbst kleineren Städten. Sie werden erst mit rund drei Jahren geschlechtsreif und machen Massenwanderungen zu Laichgewässern. Kröten ernähren sich von Insekten, Würmern Schnecken, Spinnen usw.

Zur Abwehr von Fressfeinden haben sie Hautdrüsen, die Gifte produzieren und auch einen gewissen Hautschutz vor bakteriellen Infektionen bieten. Besonders große Giftdrüsen befinden sich beginnend hinter den Augen am Übergang vom Kopf zum Hals. Diese Gifte (Bufadienolide, Bufotenine) führen bei Fressfeinden selbst nach kurzen Kontakten zu unterschiedlichen Symptomen. Vergiftungserscheinungen sind Reiben der Schnauze am Boden, starkes Speicheln, Schleimhautschwellung ev. mit Bildung von Bläschen oder Pusteln, Atembeschwerden infolge der Schleimhautschwellung, Schaumbildung im Fang sowie gerötete oder tränende Augen. Daneben können Bewegungsstörungen, Ängstlichkeit oder Ruhelosigkeit, Muskelkrämpfe und Kreislaufbeschwerden sowie Herzrhythmusstörungen auftreten.

Als Sofortmaßnahmen bei einem Vergiftungsverdacht mit Krötengift ist ein sofortiges Waschen und Spülen des Fanges und der Nase mit viel Wasser, kühle Lagerung des Hundes und bei schwereren Symptomen eine sofortige Konsultation eines Tierarztes anzuraten. Hat der Hund die Kröte gebissen oder gar geschluckt, droht ohne Behandlung ein anaphylaktischer Schock. Insgesamt sind Vergiftungen von Hunden im Zusammenhang mit Kontakten mit Erdkröten oder Feuersalamandern jedoch selten.

Vorbeugend könnten zumindest zur Wanderzeit von Kröten bekannte Wanderrouten bei Ausgängen mit Hunden gemieden werden.

# WEITERFÜHRENDE HINWEISE

## WILDTIERPROBEN ENTNEHMEN UND EINSENDEN

*Nur wenige Krankheiten sind bereits beim Aufbrechen bzw. mittels Sektion zu diagnostizieren, meist sind weiterführende Untersuchungen nötig.*

- **Untersuchungsmaterial:** ganze Tierkörper (nicht eröffnet), Körperteile oder Organe, Tumoren, Blut-, Harn- oder Losungsproben (Proben frisch oder konserviert).
- **Begleitbericht:** Name und Anschrift des Einsenders, gewünschte Untersuchungen, Untersuchungsmaterial (z. B. Wildart, Geschlecht, Alter), Datum der Erlegung oder des Auffindens, Auffälligkeiten (Verhalten, Wildkörper, Aufbrechen), weitere Funde ähnlicher Art im Revier.

Die Qualität des Ergebnisses einer Untersuchung ist abhängig von der Probennahme, der Frische des Materials, der Umgebungstemperatur, dem Begleitbericht sowie von Verpackung und Versand.

### Untersuchungsmaterial

- **Tierkörper:** Rasch einsenden oder direkt anliefern; nicht tiefgekühlt; vorgekühltes Untersuchungsmaterial muss dicht verpackt (z. B. starker Plastiksack als Primärgefäß), nochmals in dichten Plastiksack (Sekundärgefäß), dann in feste Außenverpackung (Hobbock, starker Karton); Kühlpatronen; Expressdienst. Bei Gefahr des Ausrinnens von Körpersäften aus der Primärverpackung saugfähiges Material (z. B. Zeitungspapier) zwischen Primär- und Sekundärverpackung. Gefahrengüter (ansteckungsgefährliche

Stoffe) sind zu deklarieren, Versandbedingungen abklären. Auch Einsendung mit Hobbocks (wie bei der Tollwuteinsendung) über Tierärzte bzw. Amtstierärzte (bes. bei Seuchenverdacht!) möglich; vor Einsendung Kosten und Finanzierung der Untersuchung abklären.

- **Organproben:** Für Histologie möglichst rasch in 5–10%iges Formalin in dichtem Gefäß fixieren (Probengröße zu Formalinvolumen = 1:10) und verschicken. Für bakteriologische oder virologische Untersuchung zusätzlich auch nicht fixiertes Material (gekühlt) einsenden.
- **Geschwülste, Tumoren:** Ab ca. 5 cm Ø zur besseren Fixation (z. B. mit 5–10%igem Formalin) teilen oder einschneiden; Faustregel: haselnussgroßes Stück benötigt 24 Stunden zur Fixation. Als Fixiermedium notfalls auch 70%iger Alkohol oder „Obstler" verwendbar, Gewebe wird allerdings härter als mit Formalin. Probe soll im Fixiermedium frei schwimmen und nicht an der Wand anliegen.
- **Losungsproben:** Zur parasitologischen Untersuchung ist nur frisch abgesetzte, kühl gelagerte und feucht gehaltene oder aus dem Enddarm (Weiddarm) entnommene Losung (von November bis Februar wenig aussagekräftig, da im Winter wenig Parasiten/Eier ausgeschieden werden) geeignet; mindestens 10 g Losung; dicht schließendes Gefäß.
- **Untersuchung auf Außenparasiten (z. B. Räude):** Veränderte Deckenstücke (in Papier gehüllt und darüber mit dichtem Plastiksack umgeben, gekühlt) einsenden. Entnahme möglichst vom Rand der Hautveränderung, also von frisch erkrankter Stelle. Außenparasiten verlassen meist abgekühlten Wildkörper – Beurteilung und allfällige Probenahme also möglichst rasch.

# VERWENDETE UND WEITERFÜHRENDE LITERATUR

BfR – Bundesinstitut für Risikobewertung (2007): Trichinellose – Erkennung, Behandlung und Verhütung, Merkblatt.

BOCH, J., SCHNEIDAWIND, H. (1988): Krankheiten des jagdbaren Wildes. Verlag Paul Parey, Hamburg und Berlin.

BÜTZLER, W. (2001): Rotwild: Biologie, Verhalten, Umwelt, Hege. BLV, München.

BUBENIK, A. B. (1984): Ernährung, Verhalten und Umwelt des Schalenwildes. BLV, München.

DEDIE, K., BOCKEMÜHL, J., KÜHN, H., VOLKMER, K.-J., WEINKE, T. (1993): Bakterielle Zoonosen bei Tier und Mensch. Enke Verlag, Stuttgart.

DEUTZ, A. (2016): Einfluss des Klimawandels auf die Wildtiergesundheit und Lebensräume. Wildbiologische Forschungsberichte – Schriftenreihe der Vereinigung der Wildbiologen und Jagdwissenschaftler Deutschlands, Band 2, S. 12–23.

DEUTZ, A., BRETIS, H., VÖLK, F. (2015): Rotwildregulierung – aber wie? Leopold Stocker Verlag, Graz – Stuttgart.

DEUTZ, A. (2012): Wildbrethygiene heute. BLV Buchverlag München.

DEUTZ, A., DEUTZ, U. (2011): Wildkrankheiten, Hundekrankheiten, Zoonosen: Erkennen – Vermeiden – (Be)Handeln. Leopold Stocker Verlag, Graz – Stuttgart.

DEUTZ, A., GASTEINER, J., BUCHGRABER, K. (2009): Fütterung von Reh- und Rotwild. Leopold Stocker-Verlag, Graz-Stuttgart.

DEUTZ, A., DEUTZ, U. (2005): „Das Wildbret – vom Aufbrechen bis zur Zubereitung". Leopold Stocker Verlag, Graz-Stuttgart.

DEUTZ, A., FUCHS, K., PLESS, P., DEUTZ-PIEBER, U., KÖFER, J. (2000): Hygienerisiken bei Wildfleisch – Oberflächenkeimgehalte und humanpathogene Keimen. Fleischwirtschaft **80**, Heft 12, 106–108.

KRAUSS, H., WEBER, A., ENDERS, B., SCHIEFER, H. G., SLENCZKA, W., ZAHNER, H. (1997): Zoonosen – Von Tier zu Mensch übertragbare Infektionskrankheiten. Deutscher Ärzte-Verlag, Köln.

ROBIN, K., GRAF, R. F., SCHNIDRIG, R. (2017): Wildtiermanagement. Haupt Verlag, Bern.

STUBBE, C. (1997): Rehwild. Parey Buchverlag Berlin, 4. Aufl.

978-3-7020-1331-8

**Uschi und Armin Deutz**

## WILDKRANKHEITEN, HUNDE-KRANKHEITEN, ZOONOSEN

**Erkennen, Vermeiden, (Be)Handeln**

264 Seiten, Hardcover, € 39,90

Deutz / Gasteiner / Buchgraber
JAGDSACHBUCH
Mit CD
Fütterung von Reh- und Rotwild
Ein Praxisratgeber
Leopold Stocker Verlag